职业教育国家在线精品课程配套教材

职业教育农业农村部"十四五"规划教材（编号：NY-2-0010）

信息技术基础

课程思政版

成维莉　　徐冬寅　　主编

U0299135

中国农业出版社

北　京

编写人员

主　　编　成维莉　徐冬寅

副主编　刘海明　吴刚山　陈莉莉　朱青霞

参　　编　赵婷婷　张倩云　费利民　俞　彤

　　　　　吴小香　朱　帅　朱　江　王思璇

　　　　　吴　敏　燕　斌　丁越勉

前　言

当前，信息技术已成为经济社会转型发展的主要驱动力，是建设创新型国家、制造强国、网络强国、数字中国、智慧社会的基础支撑。熟练掌握信息技术是新时代青年的必备技能之一。信息技术基础是面向高职各专业学生开设的一门公共基础课，旨在提高学生信息素养、提升计算思维、促进数字化应用与创新能力、树立正确的信息社会价值观和责任感，为专业学习、职业发展、终身学习和服务社会奠定基础。

习近平总书记在中国共产党第二十次全国代表大会上强调，要全面贯彻党的教育方针，落实立德树人根本任务，培养德智体美劳全面发展的社会主义建设者和接班人。

依据教育部《高等职业教育专科信息技术课程标准》（2021版）（以下简称"新课标"），结合《职业院校教材管理办法》（教材〔2019〕3号）、《高等学校课程思政建设指导纲要》（教高〔2020〕3号）、《习近平新时代中国特色社会主义思想进课程教材指南》（国教材〔2021〕2号）等文件精神和全国计算机等级考试《一级计算机基础及 MS Office 应用考试大纲》要求，我们组织了一支专兼结合的编写队伍，挖掘中国传统文化中的信息元素、探寻我国信息技术发展历程、研读党的二十大报告的最新要求，基于此重构课程内容，力求在知识传播过程中浸润价值引领，在价值塑造过程中强化操作技能，以实现知识传授、能力培养和价值塑造的统一，使"立德树人"能够真正落地。

本教材主要有以下特点：

1. 校园、职场、等级考试三线并行，兼顾学习、就业和考证需求

以新课标为基础，结合全国计算机等级考试一级 MS Office 要求，将新课标课程内容、全国计算机等级考试大纲和相关岗位的信息素养要求进行分解和重组，确定各模块和项目。以校园生活和毕业论文为明线组织项目，贴合学生实际需求；"实战演练"模块引入真实的工作任务，帮助学生毕业后快速适应工作岗位；"职业认知"模块介绍了新业态下的新职业，让学生了解信息化环境下相关岗位的任务和要求，拓宽就业途径、开拓创业视野；"等考操练"模块有针对性地进行训练，助力计算机等级考试。

2.全过程思政育人，知行合一

教材紧扣"立德树人"根本任务，以提高学生的信息素养和助力中国式现代化的家国情怀为基础，全程贯穿思想政治教育。设置了法治精神、民族自信、网络安全、乡村振兴、知识产权、科技创新等六个主题；"任务实施"过程中，通过政策、法规、故事、人物、事件等进行思政浸润；并设置"想一想""议一议"等环节，引发学生深入思考，实时把握思政育人效果。

3.体例新颖，适合高职学生学习

（1）教材以"项目导向，任务驱动"，主体部分包括"项目描述""项目分析""项目实施""实战演练""职业认知""拓展技能""等考操练"等模块，引导学生自主建构知识。（2）采用多样化的侧边栏设计："拓展资料"介绍最新的时政方针、法律法规和科技人物故事和事件，德技并修；"小贴士"等简短精悍，提供了更优的解决思路和方法；"考一考""想一想""议一议""练一练"等加强与学生互动，让学生边学、边想、边议、边练，学会深入思考，促进知识正向迁移。（3）全书彩色印刷，图文并茂。在文字编排上，较少使用长文字描述，对于基础知识和原理，多采用图片展示，便于学习和理解。

4.数字资源丰富，适合开展混合教学

（1）教材配有完整的数字化资源，包括动画、教学视频、操作视频、互动测验等，对教材进行了拓展和延伸，学生可通过扫描二维码轻松开展自主学习和测验。（2）本教材是职业教育国家在线精品课程《计算机应用基础》的配套教材，课程在中国大学MOOC上线（https://www.icourse163.org/）。平台设有讨论、头脑风暴等环节用于学习交流和拓展思维，有随堂测验、单元作业、单元测验和期末测验等检测学习效果。学习者能够根据自己的实际情况制订学习计划和进度，以便更好地开展个性化学习。

本教材由成维莉、徐冬寅担任主编，并由成维莉对全书进行统稿。编写人员包括：成维莉、徐冬寅、刘海明、吴刚山、陈莉莉、朱青霞、赵婷婷、张倩云、费利民、俞彤、吴小香、朱帅、朱江、王思璇、吴敏、燕斌、丁越勉。本教材的出版得到了江苏农牧科技职业学院、江苏农林职业技术学院、苏州农业职业技术学院、南通科技职业学院、青海农牧科技职业学院、泰州市农业农村局、江苏西来原生态农业有限公司、杭州康德权饲料有限公司和中国农业出版社的大力支持，在此一并致谢！

本教材适用于高职院校学生以及需要参加全国计算机等级一级 MS Office 考试人员。由于信息技术发展速度快，加之编者水平有限，书中难免存在遗漏和不妥之处，敬请各位专家和读者多提宝贵意见，不胜感激。

编 者

2023年6月

目 录

项目一 走进信息时代

思维导图

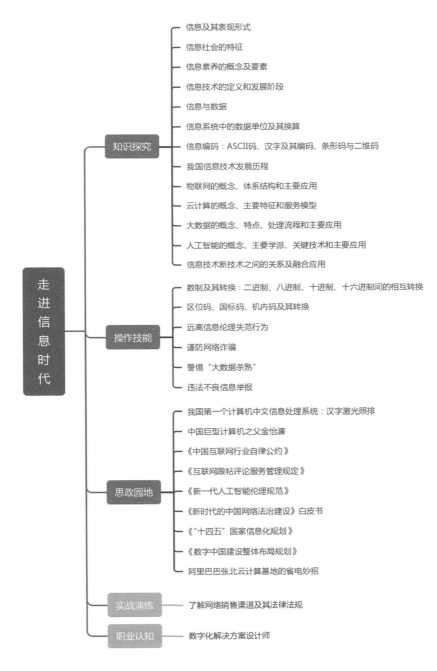

走进信息时代

知识探究
- 信息及其表现形式
- 信息社会的特征
- 信息素养的概念及要素
- 信息技术的定义和发展阶段
- 信息与数据
- 信息系统中的数据单位及其换算
- 信息编码：ASCII码、汉字及其编码、条形码与二维码
- 我国信息技术发展历程
- 物联网的概念、体系结构和主要应用
- 云计算的概念、主要特征和服务模型
- 大数据的概念、特点、处理流程和主要应用
- 人工智能的概念、主要学派、关键技术和主要应用
- 信息技术新技术之间的关系及融合应用

操作技能
- 数制及其转换：二进制、八进制、十进制、十六进制间的相互转换
- 区位码、国标码、机内码及其转换
- 远离信息伦理失范行为
- 谨防网络诈骗
- 警惕"大数据杀熟"
- 违法不良信息举报

思政园地
- 我国第一个计算机中文信息处理系统：汉字激光照排
- 中国巨型计算机之父金怡濂
- 《中国互联网行业自律公约》
- 《互联网跟帖评论服务管理规定》
- 《新一代人工智能伦理规范》
- 《新时代的中国网络法治建设》白皮书
- 《"十四五"国家信息化规划》
- 《数字中国建设整体布局规划》
- 阿里巴巴张北云计算基地的省电妙招

实战演练
- 了解网络销售渠道及其法律法规

职业认知
- 数字化解决方案设计师

📇 项目描述

　　信息技术的发展深深改变了人们的生产和生活方式，作为信息时代的一名大学生，王璐璐亲身感受着信息技术给生活带来的便利：网络购物、视频聊天、智能化门禁系统、指纹锁、自动售货机、刷脸支付……她想系统了解信息技术和信息社会的知识，她想知道作为信息时代的一名大学生该具备什么样的信息素养、该遵循什么样的信息伦理规范；她想探究信息在计算机内是如何表示的，也想了解耳熟能详的物联网、大数据、云计算、人工智能等新一代信息技术是如何工作的、有哪些应用；她还想了解我国信息技术发展状况，了解我国科学家为推动信息技术发展的奋斗历程，以及我国信息技术领域的法律和规范。

🔬 项目分析

　　首先，王璐璐需要了解信息与信息技术的发展和概念，熟悉信息社会的特征，提高个人信息素养，坚守信息伦理。她还需要学习信息基础知识，了解信息系统中的编码和数据表示，对比不同进制数之间的关系并学会转换。了解我国信息技术的发展历程，探寻物联网、云计算、大数据、人工智能等新一代信息技术的概念、技术特点和典型应用。

☺ 项目实施

任务1　认知信息社会

1 任务要求

　　了解信息与信息技术，熟悉信息社会的特征，提高个人信息素养，坚守信息伦理。

2 实施步骤

（1）了解信息与信息技术

　　通常来说，信息（information）是以物质介质为载体，传递和反映世界各种事物存在方式、运动规律及特点的表征。信息反映了物质客体及其相互作用、相互联系过程中表现出来的各种状态和特征。信息的表现形式丰富，包括消息、报道、通知、报告、情报、知识、见闻、资料、文献、指令等。

　　信息技术（information technology，IT）是以计算机和现代通信为主要手段，实现信息的获取、存储、处理、传输和利用等功能的技术总称。

信息技术的发展经历了三个阶段：

第一阶段，以人工为主要特征的古代信息技术，包括语言、文字和印刷术等，这个阶段的信息可以记录、分享和传播；

第二阶段，以电信为主要特征的近代信息技术，包括电报、广播、电视、电话等，这个阶段的信息可以远距离实时传播；

第三阶段，以计算机和网络为主要特征的现代信息技术，包括物联网、大数据、人工智能、云计算、区块链等，这个阶段的信息可以实时、双向多媒体传播，这个阶段的信息技术改变了人类的生产和生活方式。

（2）了解信息社会

信息社会是人们对信息技术广泛应用于人类社会发展新阶段的描述，是指继农业社会、工业社会后，以数据为生产要素、以信息活动为基础的新型社会形态和发展阶段。

信息社会具有如下特征：

①经济信息化。信息经济是指以信息与知识的生产、分配、拥有和使用为主要特征，以创新为主要驱动力的经济形态。与传统的农业和工业经济相比，信息经济具有人力资源知识化、发展方式可持续、产业结构软化、经济发达等特征。

②社会网络化。网络化是信息社会最典型的特征，网络将分布于不同地理位置的信息设备连接起来，能够实现资源共享和信息实时传输。

③生活数字化。在信息社会，人们的生活方式和生活理念发生了深刻变化。一是生活工具数字化，计算机、手机等数字产品成为人们生活的必需品；二是生活方式数字化，借助数字化信息终端可随时随地开展学习和工作，在线办公、网络学习、视频聊天、网络购物、电子政务、移动支付等成为人们生活的新常态；三是生活内容数字化。数字化内容包括文字、图片、视频、音频、游戏、网页、数据等，人们生活和工作中用于创造、处理和利用数字化内容的时间越来越多。

④学习终身化。在信息社会这个以知识为基础的社会，终身学习是关乎个人、组织、国家和人类生存和发展的大事。联合国教育、科学及文化组织1972年出版了研究报告《学会生存：教育世界的今天和明天》，提出了终身教育和终身学习的理念；该组织2000年9月在德国开展了主题为"建立学习型社会：知

信息与信息技术

信息社会及其特征

💬 **考考你**

中国古代有哪四大发明？哪些属于信息技术？

💬 **考考你**

请列举你所使用过的数字化工具、体验过的数字化生活方式以及接触过的数字化生活内容。

💬 **议一议**

毕业后，你可以通过哪些途径继续开展学习？

议一议

作为新时代的大学生，其信息素养状况关乎我国信息化进程。议一议，信息时代的大学生需要具备哪些信息素养？可以通过哪些方式提高自身的信息素养？

信息素养

小贴士

《互联网跟帖评论服务管理规定》

为了规范互联网跟帖评论服务管理，维护国家安全和公共利益，保护公民、法人和其他组织的合法权益，国家互联网信息办公室制定了《互联网跟帖评论服务管理规定》，并于2017年10月1日起施行。该规定明确跟帖评论服务使用者应当遵守法律法规，遵循公序良俗，弘扬社会主义核心价值观，不得发布法律法规和国家有关规定禁止的信息内容。跟帖评论服务提供者、跟帖评论服务使用者和公众账号生产运营者不得通过发布、删除、推荐跟帖评论信息以及其他干预跟帖评论信息呈现的手段侵害他人合法权益或者谋取非法利益。不得利用软件、雇佣商业机构及人员等方式散布信息，恶意干扰跟帖评论正常秩序，误导公众舆论。

识、信息与人力发展"的全球对话活动；2015年发布了《教育2030行动框架》，确定了"确保包容、公平的优质教育，使人人可以获得终身学习的机会"的行动方针。

（3）了解信息素养

信息素养是一种综合信息能力，即在信息社会中，人们所具备的信息觉悟、信息处理所需的实际技能和对信息进行筛选、鉴别、传播和合理使用的能力。具体包括以下四方面的内容。

①信息知识。信息知识是指一切与信息有关的知识和方法，既包括信息理论知识，又包括信息技术知识，它是信息素养的基础，不具备一定的信息知识，信息素养也就无从谈起。

②信息意识。信息意识是指个体对信息的敏感度和对信息价值的判断力。具备信息意识的人，在工作、学习和生活中会主动寻求恰当的方式捕获、提取和分析信息，并以有效的方法和手段判断信息的可靠性、真实性、准确性和目的性，自觉利用信息化手段解决问题、提高效率。

③信息能力。信息能力是指人们有效地利用信息技术或信息手段，系统获取、分析、评价、处理、创新和传递信息的能力。信息能力是信息素养的核心，没有信息能力，信息素养也就难以实现。

④信息道德。信息道德是指个人在信息活动中的道德情操及行为规范。包括遵守信息与信息技术相关的法律法规、道德伦理，合法、合情、合理地使用信息资源。

（4）坚守信息伦理

信息伦理是指在信息的开发、传播、检索、获取、管理和利用过程中，调整人与人之间、人与社会之间的利益关系，规范人们的行为准则，指导人们在信息社会中做出正确的或善的选择和评价。

信息伦理是社会伦理在网络空间的体现和延伸，网络空间不是"法外之地"，同样需要遵守秩序和规范。信息伦理失范主要表现在以下几方面：

①网络语言不文明。网络语言不文明是当前网络道德失范最明显的表现。由于网络的匿名性，网友在通过论坛、QQ、微博、微信、游戏等进行交往时，会存在语言不文明的行为，甚者至有职业代骂等行为。网络语言不文明行为影响了网络的正常秩序，放大了网络的负面作用。

② 网络诈骗。在网络中骗取他人财物、情感等的行为即"网络诈骗"。常见的网络诈骗行为包括钓鱼网站诈骗、冒充公检法和领导诈骗、中奖诈骗、交友诈骗、刷单诈骗、网络贷款诈骗等。

③ 传播网络谣言。网络谣言就是通过互联网传播的谣言。特别是各种社交媒体和新媒体传播平台的兴起，使谣言传播的广度、速度和渗透度都大大增强，给人们的生活和社会秩序带来了影响，甚至酿成严重的社会群体性事件，谣言制造者也会因为谣言引起的后果受到相应的惩罚。

④ 人肉搜索。人肉搜索是随着网络的发展出现的，是指通过网络，汇集社会的力量，寻找线索的一种方式，但由于个人信息的暴露，会给当事人带来很多麻烦和困扰。

2017年6月1日起，《中华人民共和国网络安全法》和《最高人民法院与最高人民检察院关于办理侵犯公民个人信息刑事案件适用法律若干问题的解释》等法律法规相继实施，明确人肉搜索泄露他人信息是违法刑事犯罪行为。

⑤ 网络侵权。网络侵权是指在网络环境下所发生的侵权行为，即行为人由于过错侵害他人的财产、知识和人身等权利。主要包括：网络侵害他人人格权、著作权、商标权等。例如，盗用或者假冒他人姓名的行为称为侵害姓名权；未经他人许可使用其肖像的行为称为侵犯肖像权；发表攻击或诽谤他人言论的行为称为侵害名誉权；未经著作权人同意擅自将其作品通过网络传播、冒用他人商标等行为称为侵害知识产权。

⑥ 隐瞒网络经营收入。近几年，电子商务和网络直播行业发展迅速，公司或个人故意隐瞒网络经营收入，而达到偷税漏税的目的，将受到法律的严惩。例如，某网络主播通过隐匿个人收入、虚构业务转换收入性质虚假申报等方式偷逃税款，当地税务部门依法对其作出税务行政处理处罚决定，追缴税款、加收滞纳金并处罚款。

3 任务小结

（1）信息与信息技术：信息是以物质介质为载体，传递和反映世界各种事物存在方式、运动规律及特点的表征；信息技术是以计算机和现代通信为主要手段，实现信息的获取、存储、处理、传输和利用等功能的技术总称。

坚守信息伦理

网络空间不是"法外之地"。网络空间是虚拟的，但运用网络空间的主体是现实的，大家都应该遵守法律，明确各方权利义务。
——2015年12月16日习近平在第二届世界互联网大会开幕式上的讲话

小贴士

违法和不良信息举报中心
为了健全网络不文明现象投诉举报机制，中央网信办（国家互联网信息办公室）举报中心专门开辟了举报栏目（www.12377.cn），用于举报各类网络违法行为和不良信息。

议一议

说说你所知道的信息伦理失范行为。

小贴士

《中国互联网行业自律公约》
2002年中国互联网协会公布了《中国互联网行业自律公约》，提出互联网行业自律的基本原则是爱国、守法、公平、诚信；提出了遵守国家法律、公平竞争、保护用户秘密、履行互联网信息服务的自律义务、尊重知识产权、不用计算机侵犯他人、加强信息检查监督等自律条款。

（2）信息技术发展的三个阶段：以人工为主要特征的古代信息技术、以电信为主要特征的近代信息技术、以计算机和网络为主要特征的现代信息技术。

（3）信息社会的特征：经济信息化、社会网络化、生活数字化、学习终身化。

（4）信息素养四要素：信息知识、信息意识、信息能力、信息道德。

（5）典型信息伦理失范行为：网络语言不文明、网络诈骗、传播网络谣言、人肉搜索、网络侵权、隐瞒网络经营收入。

（6）实践内容：提高个人信息素养、谨防网络诈骗、违法不良信息举报、避免信息伦理失范行为。

（7）德技并修：《中国互联网行业自律公约》《互联网跟帖评论服务管理规定》《新时代的中国网络法治建设》白皮书。

任务2　解读信息编码

1 任务要求

帮助王璐璐了解信息系统中的编码和数据表示，对比不同进制数之间的关系并学会转换，了解常见信息编码形式。

2 实施步骤

（1）了解数据及其单位

信息系统中的数据采用的是二进制，一位二进制数称1比特（bit，简写为b），8位二进制数表示1个字节（byte，简写为B）。数据的单位由低到高分别是b、B、KB、MB、GB、TB、PB。转换关系如图1-1所示。

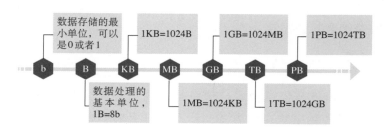

图1-1　数据单位转换关系

（2）熟悉数制及其转换

①不同进制数的对应关系。二进制、八进制、十进制、十六进制数的对应关系表如表1-1所示。

表1-1　不同进制数的对应关系

十进制	二进制	八进制	十六进制
1	1	1	1
2	10	2	2
3	11	3	3
4	100	4	4
5	101	5	5
6	110	6	6
7	111	7	7
8	1000	10	8
9	1001	11	9
10	1010	12	A
11	1011	13	B
12	1100	14	C
13	1101	15	D
14	1110	16	E
15	1111	17	F
16	10000	20	10

不同进制数的对应关系

②N进制数转换为十进制数。把N进制数按权展开，再相加（图1-2）。

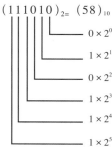

$$(111010)_2 = 0 \times 2^0 + 1 \times 2^1 + 0 \times 2^2 + 1 \times 2^3 + 1 \times 2^4 + 1 \times 2^5$$
$$= 0+2+0+8+16+32 = (58)_{10}$$

图1-2　N进制数转换为十进制数

N进制数转换为十进制数

③十进制数转换为N进制数。整数部分：除以N，取余数，倒序写；小数部分：乘以N，取整数，正序写（图1-3）。

$$(58.315)_{10} = (111010.0101)_2$$

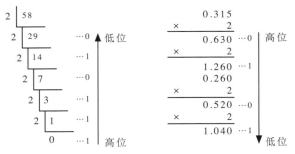

图1-3　十进制数转换为N进制数

④二进制、八进制、十六进制间的相互转换

二进制数转换为八进制数（十六进制数）：以小数点为界，分别向左和向右每三位（每四位）二进制数按权展开相加，得到一位八进制数（十六进制数）。不足三位（四位）时，在两端补0（图1-4）。

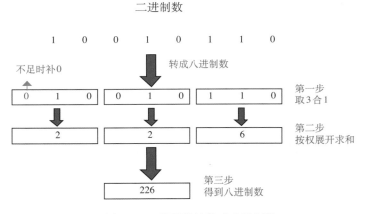

图1-4　二进制数转换成八进制数

八进制数（十六进制数）转换为二进制数：以小数点为界，分别向左和向右每一位八进制数（十六进制数）展开成三位（四位）二进制数。不足三位（四位）时，在前面补0（图1-5）。

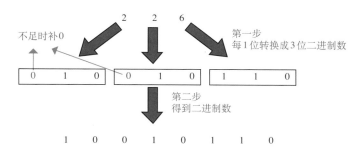

图1-5　八进制数转换成二进制数

八进制数和十六进制数之间的转换：借助二进制完成。先将八进制数（十六进制数）展开成三位（四位）二进制数，再将四位（三位）二进制数合成一位十六进制数（八进制数）。

（3）了解信息编码

①数值编码。数值编码是用二进制数表示数值的编码方式，数值编码根据表示数值内容的不同，分为无符号整数、有符号整数、定点小数、浮点小数等类型。

② ASCII 码。ASCII（American standard code for information interchange，美国信息交换标准码）：它使用 7 位二进制数来表示所有的大写和小写字母、数字0～9、标点符号，以及在美式英语中使用的特殊控制字符，共定义了128个字符（图1-6）。

$b_3b_2b_1b_0$ \ $b_6b_5b_4$	000	001	010	011	100	101	110	111
0000	NUL	DLE	SP	0	@	P	`	p
0001	SOH	DC1	!	1	A	Q	a	q
0010	STX	DC2	"	2	B	R	b	r
0011	ETX	DC3	#	3	C	S	c	s
0100	EOT	DC4	$	4	D	T	d	t
0101	ENQ	NAK	%	5	E	U	e	u
0110	ACK	SYN	&	6	F	V	f	v
0111	BEL	ETB	'	7	G	W	g	w
1000	BS	CAN	(	8	H	X	h	x
1001	HT	EM	)	9	I	Y	i	y
1010	LF	SUB	*	:	J	Z	j	z
1011	VT	ESC	+	;	K	[	k	{
1100	FF	FS	,	<	L	\	l		
1101	CR	GS	—	=	M	]	m	}
1110	SO	RS	.	>	N	^	n	~
1111	SI	US	/	?	O	-	o	DEL

图1-6　ASCII 码表

小贴士

我国第一个计算机中文信息处理系统——汉字激光照排

1975年，中国科学院院士王选用"参数表示规则笔画，轮廓表示不规则笔画"这种独一无二的方法，把几千兆的汉字字形信息，大大压缩后存进了只有几兆内存的计算机，这是我国首次把精密汉字存入了计算机。经过四年攻关，王选团队又采用当时超前的激光照排技术，成功从计算机输出了汉字。1979年，计算机输出第一张中文报纸样张；1985年，汉字激光照排系统实用成功，新闻出版印刷行业"告别铅与火，迎来光与电"。

议一议

你生活中哪些情境接触到了一维码和二维码？每种码请至少列举两个情境，并谈谈该情境为什么要用一维码或二维码。

任务2 随堂测验

③汉字编码。汉字编码（Chinese character encoding）是为将汉字输入计算机而设计的代码。根据应用目的的不同，汉字编码分为输入码、国标码、机内码和字形码。

④条形码与二维码。条形码与二维码是按照一定的编码规则排列、用以传递信息的图形符号。

条形码（图1-7）通常是指一维条形码，因为一维条形码是条形状的，所以大家把一维条形码称为条形码。一维条形码，是由多个高度相等但宽度不等的黑条、空白间隔按照一定的排序编码规则排列而成的图形，可以通过扫码枪识读，包含的信息量较少，多用于物品的信息标记。

图1-7 条形码

二维码（图1-8）是在一个正方形的框中填充各种点或无规则小图形块而构成的图形，其中包含特定加密算法的图形，里面存储的是字符串（即字母、数字、ASCII码等），它与一维码最大的区别就是存储容量大很多，而且保密性好。二维码可直接使用手机扫码读取信息，被广泛应用于移动支付、信息获取等，是目前应用最广泛的图形符号编码。

图1-8 二维码

3 任务小结

（1）数据单位及其换算：1B=8b，1KB=1024B，1MB=1024KB，1GB=1024MB，1TB=1024GB，1PB=1024TB。

（2）不同进制间数的转换：

①N进制数转换为十进制数：把N进制数按权展开，再相加。

②十进制数转换为N进制数：整数部分——除以N，取余数，倒序写；小数部分——乘以N，取整数，正序写。

③二进制数转换为八进制数（十六进制数）：以小数点为界，分别向左和向右每三位（四位）二进制数按权展开相加，得到一位八进制数（十六进制数）。不足三位（四位）时，在两端补0。

④八进制数（十六进制数）转换为二进制数：以小数点为界，分别向左和向右每一位八进制数（十六进制数）展开成三位（四位）二进制数。不足三位（四位）时，在前面补0。

（3）区位码、国标码、机内码间的转换：

①区位码转国标码：高位和低位分别加20H。

②国标码转机内码：高位和低位分别加80H。

（4）德技并修：我国第一个计算机中文信息处理系统——汉字激光照排系统。

任务3　探索新一代信息技术

1　任务要求

人脸识别、扫码支付、网络购物等给王璐璐的生活带来了极大的方便，也深深影响了她的学习和生活方式。她想了解一下我国信息技术的发展历程，以及耳熟能详的物联网、云计算、大数据、人工智能等新一代信息技术的概念、技术特点和典型应用。

2　实施步骤

（1）了解我国信息技术发展历程

1957年，我国第一台模拟式电子计算机在哈尔滨工业大学研制成功。

1958年8月，我国第一台通用数字电子计算机103机诞生。

1959年9月，我国第一台大型电子管计算机104机研制成功。

1964年，我国第一台自行研制的119型大型通用数字计算机在中国科学院诞生，它承担了我国第一颗氢弹研制的计算任务。

1965年6月和1967年9月，我国自行设计的第一台晶体管大型计算机109乙机和109丙机在中国科学院计算技术研究所诞生。

1975年9月，中国科学院院士王选把几千兆的汉字字形信息压缩后存进了只有几兆内存的计算机，这是我国首次把精密汉字存入计算机。

1976年，中国工程院院士赵梓森，在武汉拉出了中国第一根石英光纤，开启了中国光纤数字化通信新时代。

1977年4月23日，我国第一台微型机DJS050研制成功。

1979年7月，北京大学汉字信息处理技术研究室用自行研制的汉字激光照排系统，输出印制中文报纸。

1983年12月，我国第一台每秒运行亿次的巨型计算机"银

物联网及其体系结构

📖 拓展资料

《"十四五"国家信息化规划》

"十四五"时期，我国进入新发展阶段，信息化进入加快数字化发展、建设数字中国的新阶段。《"十四五"国家信息化规划》提出，到2025年，数字中国建设取得决定性进展，信息化发展水平大幅跃升。数字基础设施体系更加完备，数字技术创新体系基本形成，数字经济发展质量效益达到世界领先水平，数字社会建设稳步推进，数字政府建设水平全面提升，数字民生保障能力显著增强，数字化发展环境日臻完善。

议一议

纵观我国信息技术发展历程，谈谈你的感受。

议一议

你的日常生活中见过哪些传感器？它们有什么作用？

河一号"在国防科技大学研制成功。1983年，我国第一台微型计算机长城100 DJS-0520微型机研制成功。

1984年5月，广州市用150MHz频段开通了中国第一个数字寻呼系统。1987年11月，广州市建立了中国第一个移动电话局。

1985年6月，第一台具有完整中文信息处理能力的国产微型机长城0520CH开发成功。

1987年9月，北京计算机应用技术研究所建成我国第一个因特网电子邮件节点，揭开了中国人使用互联网的序幕。

1994年4月20日，第一条64K国际专线接入中国，标志着中国正式接入因特网，加入国际互联网大家庭，中国从此开始有了"网民"。

2002年，中国科学院计算技术研究所研制成功我国首枚高性能通用CPU——"龙芯1号"。

2013年6月，"天河二号"摘夺世界超级计算机500强桂冠，中国超级计算机研制达到了世界领先水平。

2015年12月21日，首台全部使用国产处理器构建的超级计算机"神威·太湖之光"超级计算机落户无锡，它是当时全球运行速度最快的超级计算机。

2017年，世界首台光量子计算机在中国诞生。

2019年，中国科学家在国际上首次成功实现高维度量子体系的隐形传态，这是一种全新的通信方式，是量子通信领域的一个里程碑。

2020年，浙江大学与之江实验室共同研制成功我国首台类脑计算机。

2021年5月8日，中国科学技术大学团队制造的"祖冲之号"，打破了量子计算机最大量子比特数的世界纪录。

（2）感知物联网

①什么是物联网。物联网（internet of things）是指通过各种传感设备，按约定的协议，将物体与网络连接起来，进行信息通信和交互，实现智能化感知、识别和管理的信息系统。物联网即物物相联的网络。

②物联网的体系结构。物联网的体系结构可分为感知层、网络层、应用层（图1-9）。

• 感知层：由各种传感设备及其网关组成，其主要功能是采集信息、识别物体，需要传感器技术、条形码技术、射频识

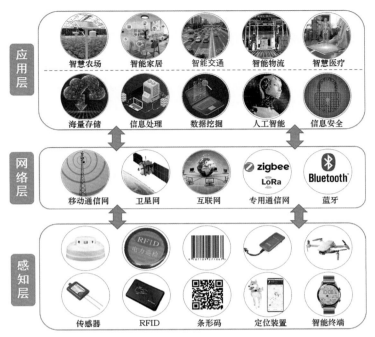

图 1- 9　物联网的体系结构

别（radio frequency identification，RFID）技术、智能识别技术、卫星定位技术等多种技术。感知层是物联网识别物体、采集信息的来源。如果将物联网比喻成人的话，感知层就是眼睛、鼻子、耳朵、皮肤等感觉器官。

　　• 网络层：整个物联网的中枢，负责传递和处理感知层获取的信息，包括有线网络技术、无线网络技术、移动通信技术、蓝牙通信技术，以及紫蜂（Zigbee）、远距离无线电（LoRa）、窄带物联网（NB-IoT）等物联网专用通信技术。物联网的应用层相当于人的神经网络。

　　• 应用层：物联网和用户的接口，它与行业需求结合，实现物联网的智能应用。包括应用基础设施/中间件和各种物联网应用。应用基础设施/中间件为物联网应用提供信息处理计算等通用基础服务设施、能力以及资源调用接口。物联网的应用层相当于人的大脑，负责分析和处理各种数据。

　　③物联网的应用。

　　• 物联网在智能化住宅小区中的应用。通过无线传感、图像识别、RFID、定位技术等，感知小区内人、物和环境的变化，并通过计算机对采集到的数据进行处理、分析和汇总，实现小区周界安防、防火防盗、车辆管理、物业管理等。

物联网的应用

• 物联网在交通领域的应用。通过物联网技术建立实时、准确、高效的综合运输管理系统，主要包括交通信息服务系统、交通管理系统、公共交通系统、车辆控制系统、电子收费系统、紧急救援系统、运营车辆调度系统、智能停车场系统等。

• 物联网在医疗领域的应用。智能医疗监护：采用先进的感知设备采集体温、血压、脉搏、心电图等多种生理指标，并通过智能分析系统对患者的健康状况进行实时监控。远程医疗：通过计算机、通信、多媒体等技术来获取物理上分隔的患者的医疗临床资源，在医生和患者间建立全新的联系，医生可远程进行诊断、提出治疗建议。智能用品管理：通过RFID标签和物联网相关技术，实现药品管理、设备管理和医疗垃圾处理等功能。

• 物联网在农业领域的应用。在农业种植领域，物联网可用于产前环境资源管理、产中农情监测、精细化作业以及产后农机指挥调度等领域。在畜禽养殖领域，通过对畜禽养殖环境信息的智能感知、安全可靠传输及智能处理，实现对畜禽养殖环境信息参数的实时在线监测与智能控制，控制养殖过程的饲料供应，以及畜禽个体行为监测、疾病诊断与预警、养殖管理等。在水产养殖领域，通过对养殖水质和环境信息的智能感知、安全可靠传输、智能处理及控制机构的智能控制，物联网可实现对水质和环境信息的实时在线监测、异常报警与水质预警和智能控制，控制养殖过程精细投喂，疾病实时预警与远程诊断。在农产品物流领域，以食品安全追溯为目标，应用电子标签技术、卫星导航系统定位技术和视频识别技术等感知技术，以及无线传感器网络、4G/5G网络、有线带宽网络等，把农产品生产、运输、仓储、智能交易、质量检测及过程控制管理等节点有机结合起来，建立基于物联网的农产品物流管理、降低农产品物流成本、实现农产品电子化交易和有效追溯，让消费者实时了解食品从田间或养殖场到餐桌的安全状况。

（3）走近云计算

①什么是云计算。云计算（cloud computing）是一种能够将动态伸缩的虚拟化资源通过互联网以服务的方式提供给用户的计算模式。云计算的"云"就是存在于互联网服务器集群上的服务器资源，包括硬件资源（如服务器、存储器和处理器等）和软件资源（如应用软件、集成开发环境等）。本地终端通过互

联网发送出请求后，"云端"就会有成千上万的计算机提供资源和反馈。

②云计算的特征。

• 在技术方面，云计算是网格计算、分布式计算、并行计算、效用计算、网络存储、虚拟化、负载均衡等传统计算机技术和网络技术发展融合的产物，是一种新兴的商业计算模型。

• 在经济性方面，云计算强调系统构建的低成本。基于云计算的技术通常采用数量较多的高性能微型计算机或小型服务器等较为便宜的硬件构建分布式服务器集群，提供可用性、可伸缩性都很强的技术服务。

• 在应用程序特征方面，云计算强调基于互联网的应用。其客户端能根据自身需要通过浏览器等标准程序访问发布在互联网上、以服务形式提供的计算能力、软件、存储服务、中间件平台等。

• 在应用模式方面，云计算提倡效用计算，并采用多重租赁的方式提供计算服务。

③云计算的服务模型。根据实际提供的服务形式，可将云计算服务分为三类（图1-10）。

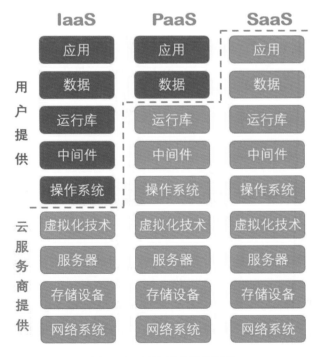

图1-10　云计算的服务模型

云计算及其特征

云计算的服务模型

IaaS（infrastructure as a service）：基础设施即服务。在这种服务模式下，云计算平台将基础设施作为一种服务提供给用户，用户只需租赁服务商的基础设施，并部署自己的操作系统和计算，此模式下的用户对主机的操作系统、软件、存储及网络资源拥有完全的控制权，例如，阿里云、百度云、华为云、腾讯云等服务商提供的云主机等。

• PaaS（platform as a service）：平台即服务。PaaS是面向软件开发者的服务，在这种服务模式下，云计算平台提供硬件、操作系统、编程语言、开发库、部署工具等，帮助软件开发者更快地开发软件服务。例如，百度地图开放平台、微信公众平台等。

SaaS（software as a service）：软件即服务。SaaS是面向软件消费者的，用户无需安装，只需通过标准的互联网工具（如浏览器），即可使用云计算平台提供的硬件、软件和维护服务，就像在使用一个软件一样。例如，微信平台、金山云文档、中国大学MOOC平台等。

（4）揭秘大数据

①什么是大数据。大数据是一种规模大到无法用现有的软件工具提取、存储、搜索、共享、分析和处理的海量的、复杂的数据集合。

大数据具有4个特点：数据量大（volume）、数据类型繁多（variety）、处理速度快（velocity）和价值密度低（value）。

②大数据的处理流程。大数据的处理流程主要包括：数据预处理、数据存储、数据分析计算、数据可视化等环节（图1-11）。

大数据及其处理流程

图1-11　大数据的处理流程

• 数据预处理是指对原始数据进行必要的清洗、集成、转换、规约等一系列的处理工作，可以去除多余的数据、纠正错误的数据、挑选并集成所需的数据、转换数据的格式，从而达到数据格式一致化、数据信息精炼化的目标。数据预处理技术包括对数据的不一致性检测、噪声数据的识别、数据过滤与修正等。

- 数据存储是大数据计算的基础，上层各种分析挖掘算法、计算模型和计算性能都依赖于数据存储系统的表现，主要涉及分布式文件系统、关系型数据库、NoSQL数据库、NewSQL数据库等技术。

- 数据分析计算包括对数据的统计分析和数据挖掘。统计分析是对收集到的大量数据进行分析，提取有用信息和形成结论，并对数据加以详细研究和概括总结的过程；数据挖掘是挖掘大数据集合中的数据关联性，提取可能有用的信息，包括聚类、分类、回归、关联分析等方法。

- 数据可视化是将大数据分析与挖掘的结果以计算机图形或图像的直观方式展示给用户，而且可以与用户进行交互式管理，便于用户理解和决策。

③大数据的应用。

- 大数据在电商领域的应用，如精准广告推送、个性化推荐等。

- 大数据在传媒领域的应用，如针对目标客户群体进行精准营销、电视节目的交互推荐等。

- 大数据在金融领域的应用，如信用评估、风险管控、精细化营销等。

- 大数据在交通领域的应用，如道路拥堵预测、智能红绿灯、导航最优规划。

- 大数据在电信领域的应用，如电信基站选址优化、舆情监控等。

- 大数据在安防领域的应用，如犯罪预防、天网监控等。

- 大数据在医疗领域的应用，如智慧医疗、病源追踪、病情精准分析等。

- 大数据在农业领域的应用，如生产环境智能监测和预警、病虫害预测、农产品追溯等。

（5）感受人工智能

①什么是人工智能。人工智能（artificial intelligence，AI）是指使用机器代替人类实现认知、识别、分析、决策等功能，其本质是使用信息技术对人的意识和思维过程进行模拟。

②人工智能的关键技术。

- 知识图谱。知识图谱用结构化的形式来描述客观世界中的概念、实体及其关系，将互联网的信息表达成更接近人类认

大数据的应用

人工智能及其关键技术

知世界的形式。它是一种揭示实体之间关系的语义网络，提供了一种更好的组织、管理和理解互联网海量信息的能力。它是人工智能发展的核心驱动力之一。

• 自然语言处理。自然语言处理是指利用计算机对自然语言的形、音、义等信息进行处理，从而实现人与计算机间的有效交互。其表现形式包括机器翻译、文本摘要、文本分类、文本校对、信息抽取、语言合成、语音识别等。

• 计算机视觉。计算机视觉是使用计算机来模仿人类视觉系统的科学，它的基本原理是利用图像传感器获取目标对象的图像信号，并传输给专用的图像处理系统，将像素分布、颜色、亮度等图像信息转换成数字信号，并对这些信号进行多种运算和处理，提取出目标的特征信息进行分析和理解，最终实现对目标的识别、检测和控制。其应用很广泛，如人脸识别、车辆检测、目标跟踪、自动驾驶等。

• 生物特征识别。生物特征识别是计算机利用人体所固有的生理特征（如指纹、虹膜、掌纹等）或行为特征（如步态、笔迹、击键习惯等）来进行个人身份的识别和鉴定。其作为重要的智能化身份认证技术，已广泛应用于金融、公共安全、教育、交通等领域。

• 机器学习。机器学习是一门涉及高等数学、统计学、概率论、系统辨识、逼近理论、省级网络优化理论等多领域的交叉学科，专门研究计算机怎样模拟或实现人类的学习行为，以获取新的知识或技能，从而改善系统自身的性能。机器学习是实现人工智能的核心，其学习原理如图1-12所示。

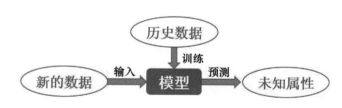

图1-12 机器学习原理

• 深度学习。深度学习通常与深度神经网络相关联，其本质是对贯穿数据进行分层特征表示，实现将低级特征通过神经网络来进一步抽象成高级特征表示。深度学习在某些领域展现出了接近人类所期望的智能效果，如刷脸支付、语音识别、

◎ 知识探究

机器学习的分类

按照任务类型，机器学习可分为回归模型、分类模型和结构化学习模型；按照方法类型，机器学习可分为线性模型和非线性模型；按照学习理论，机器学习可分为有监督学习、半监督学习、无监督学习、迁移学习和强化学习。

◎ 议一议

你的日常生活中接触过哪些人工智能技术？它们发挥了哪些作用？

智能翻译、自动驾驶、棋类大战等。

③人工智能的应用。

● 智能制造。智能制造是将新一代信息技术，贯穿于设计、生产、管理、服务等制造活动的各个环节，具有信息深度自感知、智慧优化自决策、精准控制自执行等功能的先进制造过程、系统和模式的总称。智能制造以智能工厂为载体，包括智能决策、智能管理、智能物流与供应链、智能研发、智能产线、智能车间、智慧工厂、智能产品、智能装备以及智能服务等应用。

● 智能医疗。智能医疗是指使用新一代信息技术实现患者与医务人员、医疗机构、医疗设备之间互动的信息化和智能化，如医学影像智能诊断、手术机器人、智能健康管理系统、远程诊疗、临床决策辅助系统、疾病风险预测等。

● 智能教育。智能教育是指使用人工智能辅助教学和学习，如智能学习助手、智能教学助手、智慧教室、智能教学生态系统等。

● 智慧交通。智慧交通是将信息、通信、控制、车辆等技术融于一体应用于交通领域，并能迅速、正确地理解和提出解决方案，以改善交通状况，如自动驾驶汽车、智慧交通管理、无人驾驶飞机等。

● 智慧农业。智慧农业是指将新一代信息技术应用于农业生产、管理、营销等各环节，实现农业智能化决策、社会化服务、精准化种植、可视化管理、网络化营销等全程智能管理，如智能温室系统、农产品溯源系统、农业采摘机器人、畜禽智能监测系统等。

（6）探寻新技术之间的关联及融合应用

①新技术之间的关联。物联网、云计算、大数据、人工智能虽然都可以看作独立的研究领域，但随着现代信息技术的发展，各个研究领域的技术已经融合，在实际的应用中通常综合运用，以达到相辅相成的效果（图1-13）。

物联网的硬件设备能够采集信息，并且把信息传输到云计算的云平台，云平台存储数据并进行计算和处理；大数据对海量数据进行挖掘和分析，把数据变成有用信息；人工智能解决的是对数据进行学习和理解，把数据变成知识和智慧，促进物联网的发展，形成更加智能的物联网社会。

人工智能的应用

📖 拓展资料

《数字中国建设整体布局规划》

2023年2月，中共中央、国务院印发了《数字中国建设整体布局规划》（以下简称《规划》）。《规划》提出，到2025年，基本形成横向打通、纵向贯通、协调有力的一体化推进格局，数字中国建设取得重要进展。数字基础设施高效联通，数据资源规模和质量加快提升，数据要素价值有效释放，数字经济发展质量效益大幅增强，政务数字化智能化水平明显提升，数字文化建设跃上新台阶，数字社会精准化普惠化便捷化取得显著成效，数字生态文明建设取得积极进展，数字技术创新实现重大突破，应用创新全球领先，数字安全保障能力全面提升，数字治理体系更加完善，数字领域国际合作打开新局面；到2035年，数字化发展水平进入世界前列，数字中国建设取得重大成就。数字中国建设体系化布局更加科学完备，经济、政治、文化、社会、生态文明建设各领域数字化发展更加协调充分，有力支撑全面建设社会主义现代化国家。

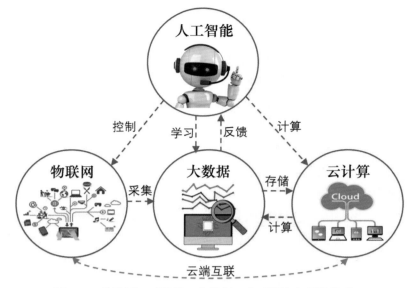

图1-13　物联网、云计算、大数据、人工智能之间的关系

②融合应用案例——智慧温室。智慧温室（图1-14）是一个典型的智慧农业系统，它综合运用了物联网、大数据、云计算、人工智能、通信、自动控制等技术，结合园艺技术，实现对作物生产环境的智能控制，保证高产、安全和经济效益。

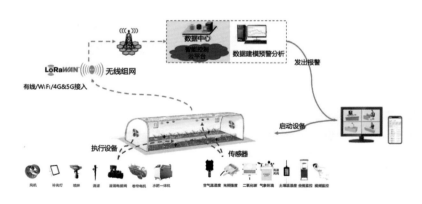

图1-14　智慧温室

智慧温室系统普遍由数据采集系统、通信终端及传感器网络系统、智能控制系统、视频监控系统、大数据智能分析系统等部分组成。

• 数据采集系统。数据采集终端由各种传感器（如温度传感器、湿度传感器、光照传感器、空气测试仪等）组成，负责采集各项环境参数（如土壤温湿度、光照强度、二氧化碳浓度等），并通过网络和通信设备传输到数据中心。

• 通信终端及传感器网络系统。温室内部感知节点间的通信网络和温室大棚间的通信网络主要实现传感器数据的采集及传感器与执行控制器之间的数据交互；温室大棚环境信息通过内部自组织网络在中继节点汇聚后，再通过智慧温室与监控数据中心之间的通信网络实现互联互通。

• 智能控制系统。系统根据实时监测的环境数据和系统内设置数据进行比对分析，当监测数据不在设置数据范围内时，系统会控制大棚补光、补水、通风等设备自动化运行，让农作物处于最适宜的生长环境，同时系统会将设备的自启动日志提交到云平台上，方便用户查看。

• 视频监控系统。通过摄像头可以对大棚进行实时监控，用户可以在云平台实时查看农作物生长及设备运行情况，同时将图像传输到大数据中心，应用软件平台通过图像识别技术与计算机视觉技术实时检测目标叶片遭受病虫害的面积，诊断农作物的病虫害情况，通过分析后判断是否需要进行农药喷洒防治病虫害，还能通过小程序报警，第一时间通知用户种植情况，进而帮助用户更好地管理农作物。

• 大数据智能分析系统。系统包括大数据中心、智能决策分析软件和农业专家系统等。它可以统一存储、处理和分析挖掘各个数据采集终端采集到的数据，并通过智能决策分析软件和农业专家系统，向用户发送预警信息，并指挥控制各种终端工作。

💬 议一议

你还听说过哪些新信息技术，说说它们有哪些应用？

3 任务小结

（1）我国信息技术发展历程。

（2）物联网的体系结构：感知层、网络层、应用层。

（3）云计算的服务模型：IaaS、PaaS、SaaS。

（4）大数据的处理流程：数据预处理→数据存储→数据分析计算→数据可视化。

（5）人工智能的关键技术：知识图谱、自然语言处理、计算机视觉、生物特征识别、机器学习。

（6）实践内容：警惕"大数据杀熟"、新一代信息技术的融合应用。

任务3 随堂测验

（7）德技并修：中国巨型计算机之父金怡濂、阿里巴巴张北云计算基地的省电妙招、《"十四五"国家信息化规划》《新一代人工智能伦理规范》《数字中国建设整体布局规划》。

💻 实战演练

了解网络销售渠道及其法律法规

1 任务描述

李华是某科技公司市场部员工，为了适应信息时代的销售模式，为公司产品打开新的销售通道，经理让他调研当前主流的购物平台。

2 任务要求

（1）了解当前主流网络购物平台销售模式及优缺点。
（2）了解各平台进驻流程和费用。
（3）查找网络销售需要遵循的法律法规。

👁 职业认知

数字化解决方案设计师

数字化解决方案设计师是指从事产业数字化需求分析与挖掘、数字化解决方案制订、项目实施与运营技术支撑等工作的人员。

主要工作任务：收集、分析产业数字化需求，提供数字化技术咨询服务；运用新一代信息通信技术和数字化技术，设计数字化业务场景和业务流程，提出并制订数字化项目架构的技术解决方案；编写数字化项目招投标等技术文件；编写数字化项目技术交底提纲；监测、分析和解决数字化项目实施及运营中的技术问题；检查、验收数字化项目质量，撰写质量分析报告。

拓展技能

1 制作二维码

2 云盘的使用

制作二维码

云盘的使用

等考操练

1.在标准ASCII码表中，已知英文字母A的十进制码值是65，则英文字母a的十进制码值是_____。

A.95　　　　　B.96　　　　　C.97　　　　　D.91

2.十进制数59转换成无符号二进制整数是_____。

A.0111101　　B.0111011　　C.0110101　　D.0111111

3.在标准ASCII码表中，已知英文字母K的十六进制码值是4B，则二进制ASCII码1001000对应的字符是_____。

A.G　　　　　B.H　　　　　C.I　　　　　D.J

4.在计算机的硬件技术中，构成存储器的最小单位是_____。

A.字节（byte）　　　　　B.二进制位（bit）

C.字（word）　　　　　D.双字（double word）

5.无符号二进制整数111111转换成十进制数是_____。

A.71　　　　　B.65　　　　　C.63　　　　　D.62

6.下面不同进制的四个数中，最小的一个数是_____。

A.11011001（二进制）　　　B.75（十进制）

C.37（八进制）　　　　　　D.2A（十六进制）

7.下列叙述中，正确的是_____。

A.一个字符的标准ASCII码占一个字节的存储量，其最高位二进制总为0

B.大写英文字母的ASCII码值大于小写英文字母的ASCII码值

C.同一个英文字母（如A）的ASCII码和它在汉字系统下的全角内码是相同的

D.标准ASCII码表的每一个ASCII码都能在屏幕上显示成

一个相应的字符

8.按照数的进位制概念，下列各个数中是正确的八进制数的是_____。

A. 1101　　　B. 7081　　　C. 1109　　　D. B03A

9.在计算机中，对汉字进行传输、处理和存储时使用汉字的_____。

A.字形码　　　B.国标码　　　C.机内码　　　D.区位码

10.按照数的进位制概念，下列各数中是正确的八进制数的是_____。

A. 1203　　　B. 8707　　　C. 4109　　　D. 10BF

11.标准ASCII码用7位二进制位表示一个字符的编码，那么ASCII码字符集共有_____个不同的字符。

A. 256　　　B. 255　　　C. 128　　　D. 127

项目二　计算机的选配与使用

思维导图

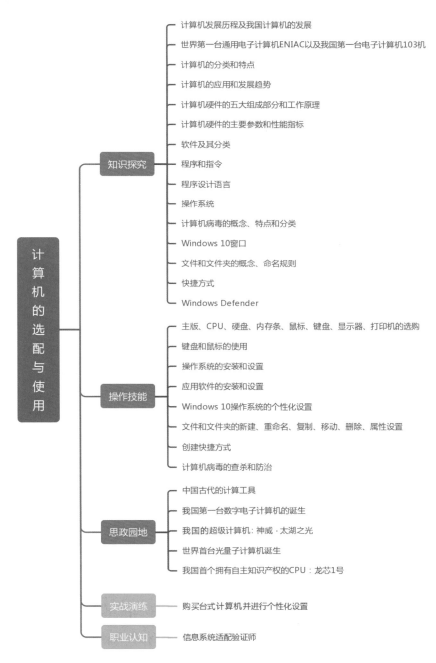

计算机的选配与使用
- 知识探究
  - 计算机发展历程及我国计算机的发展
  - 世界第一台通用电子计算机ENIAC以及我国第一台电子计算机103机
  - 计算机的分类和特点
  - 计算机的应用和发展趋势
  - 计算机硬件的五大组成部分和工作原理
  - 计算机硬件的主要参数和性能指标
  - 软件及其分类
  - 程序和指令
  - 程序设计语言
  - 操作系统
  - 计算机病毒的概念、特点和分类
  - Windows 10窗口
  - 文件和文件夹的概念、命名规则
  - 快捷方式
  - Windows Defender
- 操作技能
  - 主板、CPU、硬盘、内存条、鼠标、键盘、显示器、打印机的选购
  - 键盘和鼠标的使用
  - 操作系统的安装和设置
  - 应用软件的安装和设置
  - Windows 10操作系统的个性化设置
  - 文件和文件夹的新建、重命名、复制、移动、删除、属性设置
  - 创建快捷方式
  - 计算机病毒的查杀和防治
- 思政园地
  - 中国古代的计算工具
  - 我国第一台数字电子计算机的诞生
  - 我国的超级计算机：神威·太湖之光
  - 世界首台光量子计算机诞生
  - 我国首个拥有自主知识产权的CPU：龙芯1号
- 实战演练
  - 购买台式计算机并进行个性化设置
- 职业认知
  - 信息系统适配验证师

项目描述

为了学习的需要，王璐璐打算购买一台台式计算机。可是刚入学的王璐璐对计算机选配相关知识知之甚少，她不知道计算机里包含哪些零部件，以及各部件是如何工作的，她不知道自己该选择一台什么配置的计算机。计算机购买以后，王璐璐同学发现这台计算机竟然是一个"裸机"。里面并没有安装操作系统和常用的应用软件，因此无法正常使用。她需要给计算机安装一些软件，使计算机可以正常运行。

项目分析

在选配计算机之前，王璐璐需要先了解计算机的基础知识，了解计算机内部的数据及其表示，计算机系统的组成及主要硬件的选择、输入/输出设备的选择和使用。一台"裸机"需要安装操作系统和常用的应用软件后才能正常使用。目前，个人计算机上广泛使用的是 Windows 10 操作系统，为了提高工作效率，王璐璐同学还需要安装必要的软件、定制 Windows 环境，并且学会管理文件和文件夹。

项目实施

任务 1　了解计算机的基础知识

1　任务要求

了解计算机的发展史、计算机的分类与应用、计算机的发展趋势，明确初步购买意向。

2　实施步骤

（1）了解计算机的特点

计算机（computer）俗称电脑，是一种能够按照程序运行，自动、高速处理海量数据的现代化智能电子设备。

计算机的特点主要有：运算速度快、精度高、有记忆和逻辑判断能力、能自动运行也能人机交互。

（2）了解第一台通用电子计算机

世界上第一台通用电子计算机是 1946 年诞生于美国的 ENIAC（electronic numerical integrator and computer，电子数字积分计算机），当时为计算炮弹的弹道轨迹而研制。

手指计数

绳结计数

算筹计数

算盘

图2-1　中国古代的计算工具

ENIAC采用十进制进行运算，主频100千赫兹，每秒可进行5000次加法运算。ENIAC是一个庞然大物，重约30吨，占地约170米^2，使用了18000多个电子管（图2-2）。

中国的计算机研究和国产化进程开始于中华人民共和国建立之初。1953年1月，华罗庚受命组建中国第一个计算机科研小组，清华大学电机系闵大可教授任组长，这个小组的目标就是研制中国自己的计算机。

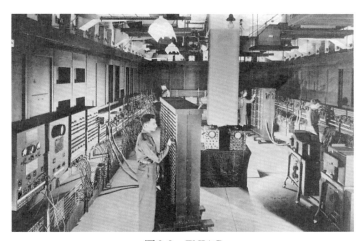
图2-2　ENIAC

1958年8月1日，我国第一台数字电子计算机——103机诞生（图2-3）。103机采用磁芯和磁鼓存储器，内存仅有1千字节。它体积庞大，占地达40米^2，机体内有近4000个半导体锗二极管和800个电子管，平均运算速度为每秒30次。

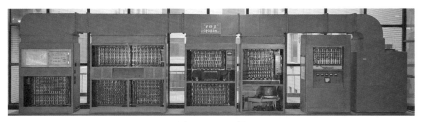
图2-3　103机

小贴士

我国第一台数字电子计算机的诞生

1956年，我国制定了《1956—1967年科学技术发展远景规划纲要》，提出"向科学进军"的口号，并将与"两弹一星"直接配套的电子计算机、半导体、无线电电子学和自动化列为四项"紧急措施"。1956年，国家成立中国科学院计算技术研究所筹备委员会。在苏联的援助下，中国科研人员得到了苏联M3型计算机的相关资料，并对计算机技术快速地消化吸收，完成了计算机的制造工作。1958年8月1日，103机完成了四条指令的运行，这标志着由中国人制造的第一台通用数字电子计算机正式诞生，也是我国计算技术这门学科建立的标志。1959年9月，104机问世，运算速度提升到每秒1万次。1964年，第一部由我国完全自主设计的大型通用数字计算机119机研制成功，运算速度提升到每秒5万次。

议一议

从103机的仿制，到119机的完全自主设计，到跻身世界前列的巨型机，你认为中国计算机取得巨大成就的关键要素有哪些？

（3）了解计算机的发展阶段（表2-1）

表2-1　计算机发展史

发展阶段	时间	主要电子元器件	典型计算机	特点	主要应用
第一代	1946—1958年	电子管（electronic tube）	ENIAC、EDVAC、103机	速度慢（每秒数千次至数万次）、可靠性低、体积大、能耗高、价格贵	科学计算
第二代	1958—1964年	晶体管（transistor）	TRADIC、IBM1401、441B、109机	速度提高至每秒几十万次至几百万次、体积减小、可靠性大为提高	数据处理、工业控制
第三代	1964—1970年	中小规模集成电路（integrated circuit，简称IC）	IBM 360、PDP-Ⅱ、NOVA1200、150机	速度更快（每秒数百万次至数千万次）、体积更小、功耗更低、速度更快、价格更低	文字处理、图形图像处理
第四代	1970至今	大规模集成电路（large scale integration，简称LSI）和超大规模集成电路(very large scale integration，简称VLSI)	IBM S/370、Altair 8800、Apple II、银河-I巨型机	速度可达每秒百万亿次，集成度高，应用普及	各行各业

（4）了解计算机的分类

①根据使用范围可分为：专用计算机、通用计算机。

②根据数据处理方式可分为：数字计算机、模拟计算机、数模混合计算机。

③根据性能和用途可分为：巨型机、大中型机、小型机、个人计算机。

④根据扮演角色可分为：服务器、客户机。

（5）了解计算机的应用

①科学计算：气象预报、人造卫星轨道、宇宙飞船制造。

②数据处理：文档编排、图像处理等。

③实时控制：自动化生产流水线控制、导弹拦截系统控制等。

④计算机辅助工程：计算机辅助设计（computer aided design，简称CAD）、计算机辅助制造（computer aided manufacturing，简称CAM）、计算机辅助教学（computer aided instruction，简称

CAI)、计算机辅助测试（computer aided test，简称CAT）、计算机集成制造系统（computer integrated manufacturing systems，简称CIMS）、计算机管理教学（computer managed instruction，简称CMI）。

⑤其他：人工智能、娱乐、电子商务、物联网等。

（6）了解计算机的发展趋势

①巨型化：天河二号、神威·太湖之光等。

②微型化或体积微型化：嵌入式计算机芯片、智能手机等。

③网络化：远程教育、信息搜索、视频电话等。

④智能化：物联网、人工智能等。

未来计算机朝着分子计算机、光子计算机、纳米计算机、生物计算机、量子计算机等方向发展。

（7）王璐璐的选择

王璐璐购买计算机主要是用于学习和平时娱乐使用，她知道要购买的应该是以超大规模集成电路为主要元器件，体积不大的个人计算机。

3 任务小结

（1）世界第一台通用电子计算机ENIAC及我国第一台数字电子计算机103机的特点：体积大、功耗大、运算速度慢。

（2）计算机的发展及每个阶段主要的电子元器件：电子管、晶体管、中小规模集成电路、大规模和超大规模集成电路。

（3）计算机的应用和发展趋势：应用于各行各业，并朝着巨型化、体积微型化、智能化、网络化等方向发展。

（4）德技并修：中国古代的计算工具、我国第一台数字电子计算机的诞生、我国的超级计算机：神威太湖之光、世界首台光量子计算机诞生。

任务2　选配台式计算机

1 任务要求

帮王璐璐同学选购合适的主板、中央处理器、内存、硬盘、鼠标、键盘、显示器、打印机等硬件，满足日常学习和休闲的需求。

拓展资料

我国的超级计算机：神威·太湖之光

"神威·太湖之光"超级计算机是由国家并行计算机工程技术研究中心研制、安装在国家超级计算无锡中心的超级计算机。"神威"超级计算机是全球首台运行速度超过10亿亿次/秒的超级计算机，最高运算速度可达12.54亿亿次/秒，持续运算速度也为9.3亿亿次/秒。根据测算，"神威"运算1分钟，相当于全球70多亿人不间断地运算32年。2016年法兰克福世界超级计算机大会国际Top 500组织发布的榜单显示，"神威"超级计算机系统登顶榜单之首。2017年的国际高性能计算机大会上，"神威"再次夺冠。

任务1　随堂测验

2 实施步骤

（1）了解计算机系统的组成

计算机系统由硬件系统和软件系统组成（图2-4）。

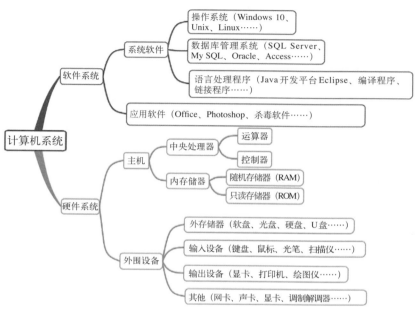

图2-4　计算机系统组成

（2）了解计算机工作原理

　　数据或程序通过输入设备转换成计算机能够识别的二进制数进入内存。计算机在运行时，先从内存中取出指令，通过控制器译码后，按指令的要求，从存储器中取出数据，交给运算器进行指定的算术和逻辑运算，并将运算结果返回内存。输出设备从内存中取出运行结果，转换成用户可接受的形式并展示出来。整个操作过程在中央处理单元（central processing unit，简称CPU）的控制下有序完成，CPU是计算机的核心部件，主要包括运算器和控制器（图2-5）。

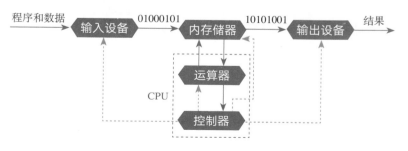

图2-5　计算机工作原理

（3）选购硬件

① 选购主板。主板又叫主机板（mainboard）、系统板（systemboard）或母板（motherboard），它安装在机箱内，是计算机最基本也是最重要的部件之一。主板一般为矩形电路板，上面安装了组成计算机的主要电路系统，一般有BIOS芯片、I/O控制芯片、键盘和面板控制开关接口、指示灯插接件、扩充插槽、主板及插卡的直流电源供电接插件等元件（图2-6）。

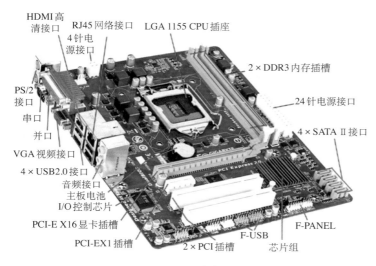

图2-6　主板

主板选购原则：A.工作稳定，兼容性好；B.功能完善，扩充力强；C.使用方便，可以在BIOS中对尽量多的参数进行调整；D.售后支持好，维修方便快捷。

② 选购CPU。CPU作为计算机系统的运算和控制核心，是信息处理、程序运行的最终执行单元，主要包括运算器和控制器两部分。运算器主要进行算术运算和逻辑运算，控制器用于控制和协调整个计算机系统的操作。

CPU主要的性能指标包括主频、字长、倍频、外频、总线频率、二级缓存、工作电压、接口和制造工艺等（图2-7）。

③ 选购内存条。内存（memory）是计算机最重要的部件之一，其作用是用于暂时存放CPU中的运算数据，以及与硬盘等外部存储器交换的数据。计算机中所有程序的运行都是在内存中进行的，内存条是内存的一种，因此它的性能对计算机的影响非常大（图2-8）。

知识探究

存储器

存储器是用来存储程序和各种数据信息的记忆部件。存储器可分为内存储器和外存储器两大类。内存条属于内存储器，计算机的硬盘虽然安装在主机箱内，但它却是属于外存储器的，外存储器还包括光盘、U盘等。

知识探究

内存的分类

内存按工作原理，可分为随机存储器（read access memory，RAM）、只读存储器(read only memory，ROM)，以及高速缓冲存储器（Cache）。

ROM一般用于存放计算机的基本程序和数据。这些信息只能读，不能写，断电也不会丢失。

RAM既可以从中读取数据，也可以写入数据，数据断电即丢失。RAM分为DRAM（dynamic RAM，动态随机存储器）和SRAM（static RAM，静态随机存储器）两种。SRAM集成度较低，功耗较大，但速度快；DRAM集成度较高，功耗也较低，但速度慢。内存条通常是DRAM。Cache位于CPU与内存之间，是一个读写速度比内存更快的存储器。

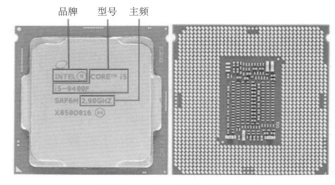

图2-7　中央处理器（CPU）

图2-8　内存条

　　内存的主要性能参数包括容量和存取时间。容量越大，存取时间越短，内存性能越好。

　　④选购硬盘。硬盘（hard disk drive）是计算机最主要的存储设备（图2-9）。

图2-9　硬盘

　　硬盘的物理结构包括：主轴、盘片、磁道、磁头臂、控制电机、接口等（图2-10）。

图2-10　硬盘的物理结构

硬盘的逻辑结构包括：磁道、柱面、扇区等。

硬盘的性能指标包括硬盘容量、转速、平均访问时间、传输速率、接口、缓存等。

⑤选购键盘。键盘是用于操作计算机的一种指令和数据输入装置，也是最常用最主要的输入设备，常见的有101键、104键、107键等键盘。根据键盘的工作原理，可分成机械键盘、塑料薄膜键盘等（图2-11）。机械键盘每个按键下方就是一个单独的开关，具有工艺简单、噪声大、易维护、打字时节奏感强等特点；塑料薄膜式键盘具有价格低、噪声小等特点。

(a)　　　　　　　　　(b)

图2-11　机械键盘与薄膜键盘
(a) 机械键盘　(b) 薄膜键盘

键盘常用功能键如表2-2所示。

表2-2　键盘常用功能键

按键	功能
CapsLock	大写字母锁定键，按一下它，对应的指示灯就会亮，这样就能输入大写字母
Shift	上档键，按住上档键，再按双字符键，能够输入上档字符
Ctrl	控制键，它一般跟其他键一起实现特定的功能，例如，Ctrl+C，复制；Ctrl+V，粘贴；Ctrl+A，选择全部

知识探究
磁道

当磁盘旋转时，磁头若保持在一个位置上，则每个磁头都会在磁盘表面划出一个圆形轨迹，这些圆形轨迹就叫磁道。这些磁道用肉眼是根本看不到的，因为它们仅是盘面上以特殊方式磁化了的一些磁化区，磁盘上的信息便是沿着这样的轨道存放的。

知识探究
扇区

磁盘上的每个磁道被等分为若干个弧段，这些弧段便是磁盘的扇区，每个扇区可以存放512字节的信息。磁盘驱动器在向磁盘读取和写入数据时，要以扇区为单位。

知识探究
柱面

硬盘通常由重叠的一组盘片构成，每个盘面都被划分为数目相等的磁道，并从外缘的"0"开始编号，具有相同编号的磁道形成一个圆柱，称之为磁盘的柱面。磁盘的柱面数与一个盘面上的磁道数是相等的。由于每个盘面都有自己的磁头，因此，盘面数等于总的磁头数。所谓硬盘的CHS，即Cylinder（柱面）、Head（磁头）、Sector（扇区），只要知道了硬盘的CHS的数目，即可确定硬盘的容量，硬盘的容量=柱面数×磁头数×扇区数×512B。

知识探究
硬盘容量
容量是硬盘最主要的参数，硬盘容量常以吉字节（GB）或太字节（TB）为单位，1GB=1024MB，1TB=1024GB。但硬盘厂商在标称硬盘容量时通常取1G=1000MB，因此我们在BIOS中或在格式化硬盘时看到的容量会比厂家的标称值要小。

知识探究
转速
转速（rotation speed），是硬盘内电机主轴的旋转速度，也就是硬盘盘片在一分钟内所能完成的最大转数。硬盘的转速越快，硬盘寻找文件的速度也就越快，相对的，硬盘的传输速度也就得到了提高。硬盘转速以每分钟多少转来表示，单位表示为rpm（revolutions per minute）。rpm值越大，内部传输就越快，访问时间就越短，硬盘的整体性能也就越好。

知识探究
平均访问时间
平均访问时间（average access time）是指磁头从起始位置到达目标磁道位置，并且从目标磁道上找到要读写的数据扇区所需的时间。平均访问时间体现了硬盘的读写速度，平均访问时间越短，读写速度越快。

按键	功能
Alt	更改键，结合其他键来实现一些特殊功能，例如，Alt+F4，关闭当前页面
BackSpace	退格键，可以删除光标前面的字符
Enter	回车键，换行或确认
Delete	删除键，可以删除光标后面的字符
Tab	制表符，光标移动到下个制表位置，也可实现窗口多按键之间的切换
Insert	切换插入和改写状态

⑥选购鼠标。鼠标（图2-12）是最常用的输入设备之一，它可以对当前屏幕上的游标进行定位，并通过按键和滚轮装置对游标所经过位置的屏幕元素进行操作。根据鼠标与计算机连接方式上通常分为有线与无线两种。其中无线鼠标根据无线类型还分为蓝牙和2.4G两种。通常2.4G无线鼠标需要一个接收器接到计算机USB接口上，其优点是连接可靠稳定，缺点是需要在计算机上插一个接收器。而蓝牙无线鼠标通常与自带蓝牙模块的计算机一起使用，无需安装接收器。

图2-12　鼠标

⑦选购显示器。显示器是最主要的输出设备，根据制造材料的不同，可以分为阴极射线管显示器、等离子显示器、液晶显示器、LED显示器等。目前，LED显示器是市场上的主流显示器，具有色彩鲜艳、动态范围广、亮度高、寿命长、工作稳定可靠等优点。

显示器的参数有很多，常用的有分辨率、尺寸和接口。尺寸决定了显示器外观的大小；分辨率是指屏幕上显示的像素的数量，用"水平方向点个数×垂直方向点个数"表示；常见的接口有VGA、HDMI、DVI、DP等，如图2-13所示。不同的接口有着不同的传输速率，VGA是最早的接口，也是最普遍的视频信号接口，传输速率低，但通用性强；DVI可以传输数字信号和模拟信号，HDMI俗称"高清接口"，DP接口也是一种高清数字显示接口，可以连接计算机和显示器，也可以连接计算机和家庭影院，比HDMI传输的速率更高。

图2-13　显示接口

⑧选购打印机。打印机通常分为针式打印机、激光打印机、喷墨打印机和热敏打印机等（图2-14）。针式打印机速度慢、噪声大，常用来打印票据等；激光打印机速度快、噪声低、采用碳粉作为耗材，常用于办公室文档的打印；喷墨打印机采用液态的喷水作为耗材，可以打印出不同的颜色，通常用来打印照片等彩色内容；热敏打印机可用来打印标签等，需要专用的热敏纸。

图2-14　常见打印机
（a）针式打印机　（b）激光打印机　（c）喷墨打印机　（d）热敏打印机

（4）王璐璐的选择（表2-3）

表2-3　王璐璐选择的计算机配置

配置	品牌型号	数量	价格
CPU	Intel 酷睿 i5 12490F	1	¥1178
主板	七彩虹 CVN B760M FROZEN WIFI V20	1	¥979
内存	光威深渊 16GB DDR4 3000	1	¥469
硬盘	西部数据 1TB 7200转 64MB SATA3 蓝盘（WD10EZEX）	1	¥270
固态硬盘	京东京造麒麟 NVMe M.2（256GB）	1	¥219
显卡	小影霸 GT730 厉影	1	¥399
机箱	爱国者 YOGO M2	1	¥199

🔍 知识探究

传输速率

硬盘的数据传输率（data transfer rate）是指硬盘读写数据的速度，单位为兆字节每秒（MB/s）。

🔍 知识探究

输入／输出设备

输入设备指向计算机输入信息的设备，如键盘、鼠标等；输出设备指将计算机处理结果或其他信息展示给用户的设备，如显示器、打印机等。

💡 小贴士

鼠标的基本操作

单击，指单击鼠标左键，常用于选择对象，被选择的对象高亮显示。

双击，指双击鼠标左键，常用于启动某个程序或打开某个文件夹或窗口。

右击，指单击鼠标右键，常用于打开与对象相关的快捷菜单。

滚动，指滚动鼠标中间的滚轮，一般用于滚动窗口的滚动条。

拖动，指将鼠标指向某个对象后按住鼠标左键不放，然后移动鼠标把对象从屏幕的一个位置拖动到另一个位置。拖动操作常用于移动对象。

（续）

配置	品牌型号	数量	价格
散热器	金河田三角龙	1	¥69
显示器	海信27N3G	1	¥699
键鼠套装	双飞燕WKM-1000针光键鼠套装	1	¥69
打印机	惠普3636小型多功能喷墨打印机	1	458
	合计		¥5008

3 任务小结

（1）基础知识：计算机的系统组成、冯·诺依曼体系结构、计算机硬件工作原理、CPU的组成及功能、内存的分类和特点、硬盘的物理结构、输入/输出设备、鼠标的基本操作、显示器的分类、打印机的分类。

（2）基本概念：主频、字长、磁道、扇区、柱面、容量、转速、平均访问时间、传输速率。

（3）实践内容：主板、CPU、内存条、硬盘、显示器、打印机的选购，键盘、鼠标的选购和使用。

（4）德技并修：我国首个拥有自主知识产权的CPU——龙芯1号。

任务3 安装软件

1 任务要求

（1）了解软件和程序基础知识。

（2）了解操作系统的相关概念。

（3）使用ISO映像文件光盘在计算机上安装Windows 10操作系统。

（4）了解病毒相关知识，并在计算机上安装杀毒软件。

2 实施步骤

（1）安装操作系统

①准备好存有Windows 10操作系统ISO映像文件的光盘。

任务2　随堂测验

知识探究
软件及其分类
软件是指与计算机系统操作有关的计算机程序、规程、规则，以及可能有的文件、文档及数据。软件的本质是程序。根据应用范围，可将软件分成系统软件和应用软件两类。

操作系统

安装操作系统

图2-15　高级语言的执行过程

知识探究
程序和指令
计算机指令就是指挥机器工作的指示和命令，指令由操作数和操作码两部分构成。操作码决定要完成的操作，操作数指参加运算的数据及其所在的单元地址。
程序是为了用计算机解决某个问题而采用程序设计语言编写的一系列指令。
程序员通过编写程序向计算机发送指令，并交给控制器执行，控制器靠指令指挥机器工作。

②将光盘放入光驱，重新启动计算机。当计算机显示"Press any key to boot from CD or DVD……"时，按任意键。设置语言、时间、输入法、安装类型、安装位置，若无特殊要求默认即可（图2-16）。

图2-16　安装操作系统

③重启计算机，设置区域、键盘、账户、隐私设置等。

（2）安装杀毒软件

①打开杀毒软件官网，单击"立即下载"（图2-17）。

知识探究
程序设计语言
程序设计语言是程序员编写程序所使用的语言。按照发展历程，可以分成机器语言、汇编语言、高级语言。
高级语言的执行过程（图2-15）：需要通过编译程序进行解释、执行，将源程序翻译成机器语言表示的目标程序（.obj），再通过连接程序转换成可执行文件（.exe）。

知识探究
操作系统
操作系统（operating system, OS）是一种系统软件，用于管理计算机系统的硬件和软件资源，控制程序的运行，改善人机操作界面，为其他应用软件提供支持等。

图2-17　单击"立即下载"

知识探究

计算机病毒

计算机病毒是指人为编造的一组会破坏计算机信息或系统的程序或指令。病毒具有破坏性、传染性、隐蔽性、自我复制等特点。计算机病毒按存在的媒体分类可分为引导型病毒、文件型病毒和混合型病毒3种。

议一议

你听说过哪些计算机病毒？它们有哪些特点？

小贴士

计算机病毒的传播途径和防治

计算机病毒的传播途径主要包括：移动存储设备（U盘、移动硬盘等）、网络（网页、电子邮件等）、计算机系统和应用软件的弱点（操作系统漏洞）等。防治计算机病毒一方面可以通过安装防火墙等来预防计算机病毒的产生，另一方面，需要定期检查和清除病毒。

小贴士

Windows Defender

Windows Defender 是 Windows 系统自带的杀毒软件，内置实时防护功能，不仅能扫描正在运行的程序，还可以对系统进行实时监控，以抵御电子邮件、应用、云和 Web 上的病毒、恶意软件和间谍软件等威胁。

安装杀毒软件

②单击"浏览"选项卡，选择程序存放的位置，单击"下载"（图2-18）。

图2-18 选择存放位置

③安装软件。双击下载好的安装程序，打开安装窗口，勾选"同意使用协议和隐私政策"，设置安装位置，单击"一键安装"（图2-19）。

图2-19 一键安装

④运行软件。双击"桌面"上的杀毒软件图标，打开软件，选择"病毒查杀"—"全盘杀毒"（图2-20）。

图2-20 "全盘杀毒"

3 任务小结

（1）基础知识：软件及其分类、程序和指令、程序设计语言、操作系统、计算机病毒。

（2）实践内容：安装Windows 10操作系统，下载、安装及使用应用软件，防治计算机病毒。

任务4 定制Windows工作环境

1 任务要求

（1）更换"桌面"背景、设置"计算机""回收站""网络"等"桌面"图标，并更改"计算机"图标。

（2）设置屏幕保护程序为气泡，等待时间2分钟。

（3）设置系统日期设置为2024年9月1日，将时间设置为8：00。

（4）将"截图工具"固定到任务栏。

2 实施步骤

（1）设置"桌面"背景

①在"桌面"的空白处右击鼠标，在弹出的快捷菜单中选择"个性化"命令（图2-21）。

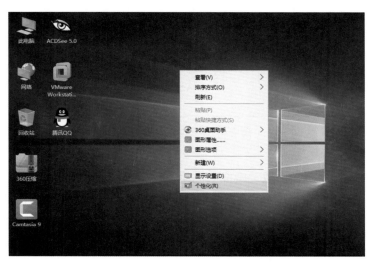

图2-21 选择"个性化"命令

议一议

购买计算机后，通常需要安装哪些工具软件？根据你的个人喜好和用途，你还想安装哪些软件，它们有哪些功能？

任务3 随堂测验

设置桌面背景

②打开"设置"窗口，在左侧列表中单击"背景"，在右侧"选择图片"选项组中单击任意图片，即可将所选图片应用于"桌面"背景（图2-22）。

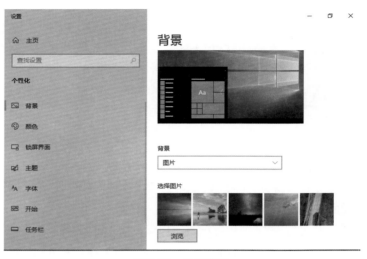

图2-22　设置背景

小贴士

自定义"桌面"背景

单击"浏览"按钮，在"打开"对话框中，找到图片所在位置，选中图片，单击"选择图片"按钮（图2-23），便可将本地图片设为"桌面"背景。

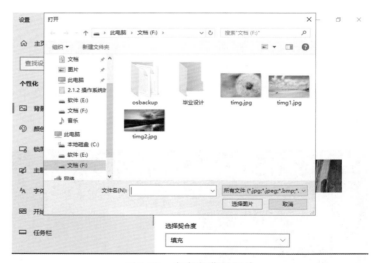

图2-23　自定义背景图片

知识探究

图标

图标指的是在"桌面"上排列的小图像，它包含图形和说明文字两部分。

（2）设置并更改"桌面"图标

①鼠标在"桌面"的空白处右击，在弹出的快捷菜单中单击"个性化"命令，打开"设置"窗口。在左侧列表中单击"主题"，在右侧的"相关的设置"选项组中单击"桌面图标设置"按钮（图2-24）。

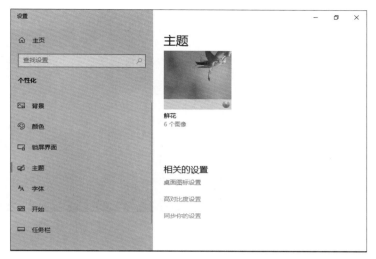

图2-24　设置"桌面"图标

设置并更改桌面图标

②在"桌面图标设置"对话框中的"桌面图标"选项卡下，勾选"计算机""回收站""网络"等复选框（图2-25），然后单击"确定"按钮。"计算机""回收站""网络"这三个图标将显示在"桌面"上。

③打开"桌面图标设置"对话框，在"桌面图标"选项卡中选择"此电脑"图标，再单击"更改图标"按钮（图2-26）。

📳 小贴士

选择"桌面"图标
用户可以根据程序的使用频率来设置"桌面"显示哪些图标，还可以根据喜好设置"桌面"图标的样式。

图2-25　选择桌面图标　　　　　图2-26　更改"此电脑"图标

④打开"更改图标"对话框，在"从以下列表中选择一个图标"的列表框中选择第一行第三个图标，单击"确定"按钮（图2-27）。返回"桌面图标设置"对话框，单击"应用"按钮，图标即被应用（图2-28）。

图2-27　选择图标　　　　　　图2-28　"更改图标"效果

（3）设置屏幕保护程序

①鼠标在"桌面"空白处右击，在弹出的快捷菜单中选择"个性化"命令。

②打开"设置"窗口，在左侧列表中单击"锁屏界面"，在右侧选项卡中单击"屏幕保护程序设置"（图2-29）。

③选择"屏幕保护程序设置"对话框"屏幕保护程序"选项卡的"屏幕保护程序（S）"下拉列表中的"气泡"（图2-30）。

图2-29　设置屏幕保护程序　　　图2-30　选择屏幕保护程序

④在"等待（W）："后的文本框输入数字"2"，即将屏幕保护程序出现的等待时间设置为2分钟（图2-31）。单击"应用"和"确定"按钮。

小贴士

屏幕保护程序的应用场景
如果在使用计算机时临时需要离开，就可以启动屏幕保护程序，将屏幕上的画面隐藏起来。

图2-31 设置等待时间

（4）设置日期和时间

①单击"桌面"左下角的"开始"按钮，在弹出的"开始"菜单中，单击"设置"按钮（图2-32）。

设置日期和时间

图2-32 "设置"按钮

②在"Windows设置"窗口中，单击"时间和语言"选项（图2-33）。

图2-33　"时间和语言"选项

③单击左侧"时间和日期"选项，在右侧将"自动设置时间"设置为"关"，再单击"手动设置日期和时间"下方的"更改"按钮（图2-34）。

图2-34　手动设置时区

④在弹出的"更改日期和时间"对话框中，将日期设置为"2024年9月1日"，时间设置为"8：00"，单击右下方的"更改"按钮（图2-35）。

图2-35　更改日期和时间

（5）将"截图工具"固定到任务栏

单击"开始"按钮，在弹出的"开始"菜单中选择"Windows附件"中的"截图工具"。鼠标右键单击"截图工具"，在弹出的菜单中选择"更多"—"固定到任务栏"（图2-36）。

将"截图工具"固定到任务栏

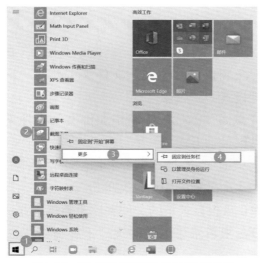

图2-36　将"截图工具"固定到任务栏

图2-37　设置任务栏

🖥 小贴士

设置任务栏

在任务栏的空白处右击，在弹出的快捷菜单中选择"任务栏设置"命令，在弹出的"设置"窗口中可对"任务栏"的相关显示和属性进行设置（图2-37）。

3 任务小结

（1）设置"桌面"背景图片："桌面"—"个性化"—"背景"。

（2）设置并更改"桌面"图标："桌面"—"个性化"—"主题"—"桌面图标设置"。

（3）设置屏幕保护程序："桌面"—"个性化"—"锁屏界面"—"屏幕保护程序设置"。

（4）设置日期和时间："开始"—"设置"—"时间和语言"—"时间和日期"。

（5）设置任务栏："开始"—"Windows附件"—"截图工具"—"更多"—"固定到任务栏"。

任务5　管理文件和文件夹

1 任务要求

（1）在"桌面"新建名为"王璐璐毕业论文"的文件夹。

（2）在"王璐璐毕业论文"文件夹中新建"论文初稿.txt"文档，将文档设置为"只读"。

（3）将"桌面"的"王璐璐毕业论文"文件夹复制到C盘根目录和D盘根目录下。

（4）将"桌面"的"王璐璐毕业论文"文件夹剪切到E盘根目录下，并重命名为"毕业论文备份"。

（5）删除C盘根目录下的文件夹"王璐璐毕业论文"。

（6）为D盘根目录下的文件夹"王璐璐毕业论文"创建桌面快捷方式。

2 实施步骤

（1）新建文件夹

①在"桌面"空白处右击鼠标，在弹出的快捷菜单中选择"新建"—"文件夹"命令（图2-38）。

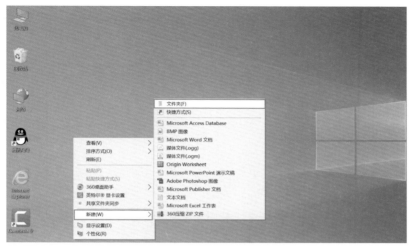

图 2-38　新建文件夹

新建文本文档

②将文件夹命名为"王璐璐毕业论文"（图2-39）。

（2）新建文本文档

①鼠标双击"王璐璐毕业论文"文件夹，打开该文件夹，在右侧空白处右击鼠标，在弹出的快捷菜单中选择"新建"—"文本文档"命令（图2-40）。

图 2-39　命名文件夹

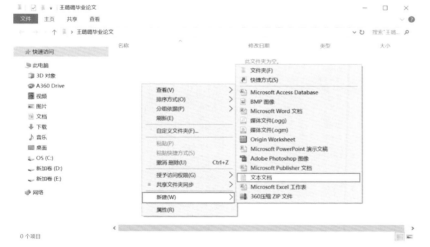

图 2-40　新建文本文档

> **小贴士**
>
> 文件和文件夹的命名规则
> Windows 10操作系统中文件和文件夹的命名规则具体如下：
> （1）文件或者文件夹名称不得超过255个字符。
> （2）文件名通常用"."将文件名分成两部分：主文件名和扩展名。
> （3）文件名中不能有下列符号："?""""："""/""\""*""<"">""|"。
> （4）文件名不区分大小写。

> **小贴士**
>
> 常用文件扩展名
> 图片文件：.jpg、.png、.gif
> 文本文档：.txt
> Word文件：.docx、.doc
> Excel文件：.xlsx、.xls
> PowerPoint文件：.ppt、.pptx
> 视频文件：.mp4、.avi、.wmv、.mov

知识探究
Windows 10窗口
（图2-41）。

图2-41　Windows 10窗口

②将文本文档命名为"论文初稿"（图2-42）。

图2-42　命名文本文档

（3）设置文档"只读"属性

①鼠标左键单击"论文初稿.txt"，选中文档，再单击鼠标右键，在弹出的快捷菜单中选择"属性"命令（图2-43）。

设置文档"只读"属性

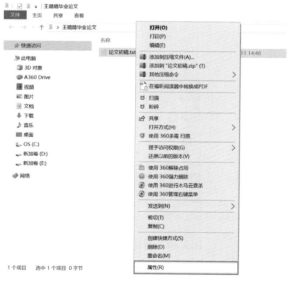

图2-43　选择"属性"命令

②弹出"属性"对话框,在"常规"选项卡"属性"组中勾选"只读"(图2-44),单击"确定"按钮。

图2-44 勾选"只读"属性   图2-45 "高级属性"设置

（4）复制文件夹

①鼠标右击"王璐璐毕业论文"文件夹,在弹出的快捷菜单中选择"复制"命令(图2-46)。

②鼠标左键双击"此电脑"图标,在打开的窗口中双击"本地磁盘（C：）",进入C盘根目录,在空白处右击鼠标,在弹出的快捷菜单中选择"粘贴"命令(图2-47)。

图2-46 复制文件夹   图2-47 粘贴文件夹

③鼠标左键单击,选中刚复制的文件夹"王璐璐毕业论文",单击"主页"—"组织"组中的"复制到"按钮,在展开的列表中单击"选择位置"按钮(图2-48)。

💬 小贴士

"隐藏"和"高级"属性

文档如果设置了"隐藏"属性,则在默认状态下文档将不显示出来。

在"高级属性"对话框中,可以查看或修改文件的存档属性、索引属性、压缩属性和加密属性(图2-45)。

"隐藏"和"高级"属性

复制文件夹

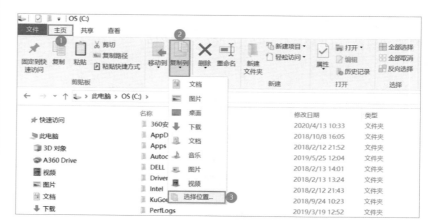

图 2-48 选择复制位置

小贴士

复制文件或文件夹

步骤①②和③④介绍了两种复制文件或文件夹的方法。除此之外，还可以使用快捷键来完成复制操作。选中要复制的文件或文件夹，按下组合键【Ctrl+C】即可进行复制，在目标位置按下组合键【Ctrl+V】即可进行粘贴。

④弹出"复制项目"对话框，选择目标位置"本地磁盘（D：）"，单击"复制"按钮（图2-49）。

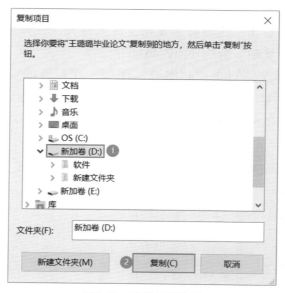

图 2-49　选择目标位置

（5）移动文件夹

①鼠标右击"桌面"上的"王璐璐毕业论文"文件夹，在弹出的快捷菜单中选择"剪切"命令（图2-50）。

②到目标位置"本地磁盘（E：）"，选择"粘贴"命令（图2-51）。

移动文件夹

图2-50 剪切文件夹   图2-51 粘贴文件夹

（6）重命名文件夹

①鼠标右击E盘中的"王璐璐毕业论文"文件夹，在弹出的快捷菜单中选择"重命名"命令（图2-52）。

图2-52 重命名文件夹

②在文件夹的名称框中输入"毕业论文备份"，在空白处单击鼠标或者按键盘上【Enter】键完成重命名（图2-53）。

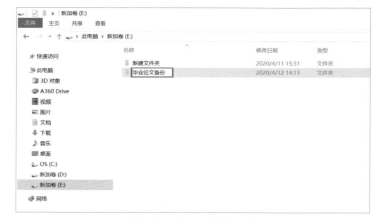

图2-53　输入文件夹名字

（7）删除文件夹

打开C盘，鼠标右击"王璐璐毕业论文"文件夹，在弹出的快捷菜单中选择"删除"命令（图2-54）。

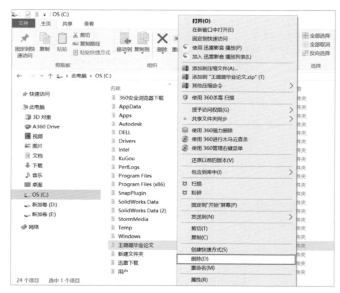

图2-54　删除文件夹

（8）创建快捷方式

①鼠标在"桌面"的空白处右击，在弹出的快捷菜单中选择"新建"—"快捷方式"命令（图2-55）。

②在弹出的"创建快捷方式"对话框中，单击"请输入对象的位置"后的"浏览"按钮（图2-56）。选择"D："—"王璐璐毕业论文"文件夹，单击"下一步"按钮。

图2-55　新建快捷方式

图2-56　选择位置

③在打开的对话框中键入快捷方式的名称，单击"完成"按钮（图2-57）。

图2-57　命名快捷方式

3 任务小结

（1）基础知识：文件和文件夹、文件和文件夹的命名规则、常用文件扩展名、Windows窗口、"回收站"、快捷方式。

（2）文件和文件夹的基本操作：新建、重命名、复制、移动、删除文件或文件夹，设置文件或文件夹的属性。

（3）创建快捷方式的两种方法。

①鼠标在"桌面"空白处右击，在弹出的快捷菜单中选择"新建"—"快捷方式"命令。

②鼠标右击文件或文件夹，在弹出的快捷菜单中选择"发送到"—"桌面快捷方式"命令。

知识探究

快捷方式

快捷方式是Windows提供的一种快速启动程序、打开文件或文件夹的方法。当图标的左下角有一个小箭头，表明该图标是一个快捷方式。快捷方式是应用程序的快速链接，删除快捷方式图标对原文件或文件夹无影响。

创建快捷方式

小贴士

快速创建快捷方式

打开D盘，鼠标右击"王璐璐毕业论文"文件夹，在弹出的快捷菜单中选择"发送到"—"桌面快捷方式"命令。

任务5　随堂测验

🖥 实战演练

购买台式计算机并进行个性化设置

① **任务描述**

　　小张是广告公司设计师，公司现在承接了"大国工匠"系列宣传片的制作，需要买一台台式计算机，用于视频的制作及日常办公休闲，请根据应用要求选配一台台式计算机，并按要求定制个性化工作环境。

② **任务要求**

　　（1）硬盘1TB及以上，运行速度快，配有独立显卡、无线鼠标和键盘，总预算在15000元以内，请写出计算机品牌型号及各硬件主要性能参数。

　　（2）安装聊天工具、办公软件Office 2016、视频软件及音乐软件，并为这几个软件创建桌面快捷方式。

　　（3）将带有公司Logo的图片设置为"桌面"背景，将屏幕保护程序设置为"彩带"，等待时间5分钟。

　　（4）设置"桌面"图标"计算机""网络""用户的文件""回收站""控制面板"在"桌面"上显示。更改"桌面"图标"Administrator"的图标样式，图标样式更改为 🖳 。

　　（5）将常用的应用程序图标"截图工具"固定到任务栏。

　　（6）隐藏任务栏通知区域的"音量"和"网络"这两个系统图标。

　　（7）自定义通知栏的显示图标，将聊天工具图标显示在任务栏的通知区域。

👁 职业认知

信息系统适配验证师

　　信息系统适配验证师是指从事信息系统基础环境、终端、安全体系、业务系统的适配、测试、调优、数据迁移、维护等工作的人员。

其主要工作任务包括：分析信息系统适配过程中不同技术路线特性；制订信息系统异构适配移植方案；部署基础环境、外设、终端、安全体系、业务系统，对异构组件进行编译；运用适配方法及工具，对系统软硬件产品组合进行适配功能验证、性能验证和参数调优；分析和处理在适配过程中因环境差异导致的问题；提供信息系统适配技术咨询和技术支持。

拓展技能

1 中文输入法的安装与使用

2 文件"隐身"与"现形"

中文输入法的安装
与使用

文件"隐身"与
"现形"

等考操练

1 单项选择题

（1）下列存储器中，属于外部存储器的是 _____。

  A. Cache   B. RAM

  C. 硬盘   D. ROM

（2）显示器是一种 _____。

  A. 既是输入设备，也是输出设备   B. 输入设备

  C. 输出设备   D. 既不是输入设备，也不是输出设备

（3）_____ 是决定微处理器性能优劣的重要指标。

  A. 主频   B. 微处理器的型号

  C. 内存储器   D. 内存的大小

（4）CPU 中控制器的功能是 _____。

  A. 分析指令并发出相应的控制信号   B. 进行算术运算

  C. 进行逻辑运算   D. 只控制 CPU 的工作

（5）下面关于"计算机系统"的叙述中，最完整的是 _____。

  A. "计算机系统"就是指计算机的硬件系统

  B. "计算机系统"是指计算机上配置的操作系统

  C. "计算机系统"由硬件系统和安装在其上面的操作系统组成

  D. "计算机系统"由硬件系统和软件系统组成

（6）冯·诺依曼型体系结构的计算机包含的五大部件是___。

A.输入设备、运算器、控制器、存储器、输出设备

B.输入/输出设备、运算器、控制器、内/外存储器、电源设备

C.输入设备、中央处理器、只读存储器、随机存储器、输出设备

D.键盘、主机、显示器、磁盘机、打印机

（7）存储在ROM中的数据，当计算机断电后_____。

A.可能丢失　　　　B.不会丢失

C.部分丢失　　　　D.完全丢失

（8）WPS、Word等文字处理软件属于_____。

A.管理软件　　　　B.网络软件

C.应用软件　　　　D.系统软件

（9）计算机硬件能直接识别并执行的语言是_____。

A.高级语言　　　　B.算法语言

C.机器语言　　　　D.符号语言

（10）为防止计算机病毒传染，应该做到_____。

A.无病毒的U盘不要与来历不明的U盘放在一起

B.不要复制来历不明U盘中的程序

C.长时间不用的U盘要经常格式化

D.U盘中不要存放可执行程序

2 打开素材文件夹，按下列要求完成Windows基本操作题

（1）搜索文件夹"素材"下的"CARDM"文件夹，然后将其删除。

（2）在文件夹"素材"下分别创建名为"MTA"的文件夹和名为"SHEET. txt"的文件。

（3）将文件夹"素材"下"JSET"文件夹中的"CROAH. scr"复制到文件夹"素材"下，并更名为"MCUSH. scr"。

（4）将文件夹"素材"下的"NOIN\SHERT"文件夹移动到文件夹"素材"下。

（5）将文件夹"素材"下"MMDA"文件夹中的文件"APLE. pas"的存档和隐藏属性撤销，并设置成只读属性。

（6）为文件夹"素材"下"TIGHT\ TABLE"文件夹中的"CLOSE. exe"文件建立名为"CLOSE"的快捷方式，并存放在文件夹"素材"下。

项目三　互联网的设置与应用

思维导图

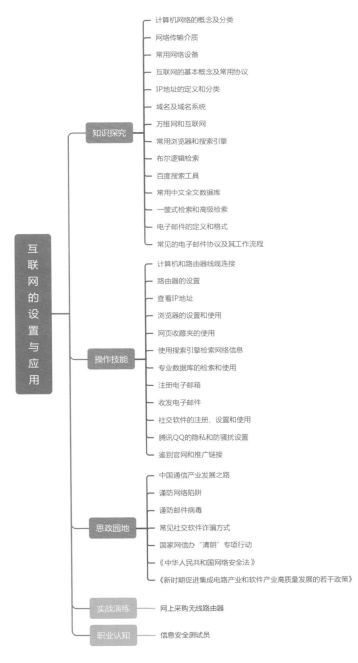

互联网的设置与应用

知识探究
- 计算机网络的概念及分类
- 网络传输介质
- 常用网络设备
- 互联网的基本概念及常用协议
- IP地址的定义和分类
- 域名及域名系统
- 万维网和互联网
- 常用浏览器和搜索引擎
- 布尔逻辑检索
- 百度搜索工具
- 常用中文全文数据库
- 一站式检索和高级检索
- 电子邮件的定义和格式
- 常见的电子邮件协议及其工作流程

操作技能
- 计算机和路由器线缆连接
- 路由器的设置
- 查看IP地址
- 浏览器的设置和使用
- 网页收藏夹的使用
- 使用搜索引擎检索网络信息
- 专业数据库的检索和使用
- 注册电子邮箱
- 收发电子邮件
- 社交软件的注册、设置和使用
- 腾讯QQ的隐私和防骚扰设置
- 鉴别官网和推广链接

思政园地
- 中国通信产业发展之路
- 谨防网络陷阱
- 谨防邮件病毒
- 常见社交软件诈骗方式
- 国家网信办"清朗"专项行动
- 《中华人民共和国网络安全法》
- 《新时期促进集成电路产业和软件产业高质量发展的若干政策》

实战演练
- 网上采购无线路由器

职业认知
- 信息安全测试员

📱 项目描述

王璐璐购买了计算机，并且已经安装了操作系统和常用软件，她还需要通过互联网查阅资料、登录课程平台学习、发送电子邮件等。通信运营商已经将网络接入了宿舍，并且提供了无线路由器等必要的硬件，但是她不知道怎样才能将自己的计算机接入互联网，她也想系统学习下如何上网查找资料、如何利用网络与别人沟通交流、如何避免网络诈骗和陷阱。

🎛️ 项目分析

想要遨游互联网，必须将自己的计算机接入互联网。王璐璐需要了解网络和互联网基础知识和各类协议，并且对无线路由器和计算机进行相应设置，确保计算机能够正确接入互联网。接入互联网后，还需要安装浏览器，使用搜索引擎和专业数据库检索信息，使用电子邮箱和即时通信工具进行网上交流，同时还要注意网络安全，谨防网络诈骗。

🌐 项目实施

任务1　接入互联网

① 任务要求

王璐璐已经购买了计算机，她的宿舍也已经开通了网络。王璐璐需要把她的计算机跟无线路由器进行连接，并接入互联网。

② 实施步骤

（1）了解计算机网络与互联网

计算机网络是指分布在不同地理位置上的具有独立功能的多个计算机系统，通过通信设备和通信线路相互连接，并在网络软件（即网络通信协议、信息交换方式及网络操作系统等）的管理下实现数据传输和资源共享的多计算机系统。

按照传输介质，计算机网络可分成有线网（同轴电缆、双绞线、光纤）和无线网（WiFi、NFC）；按照拓扑结构的不同，计算机网络可分为总线拓扑、星形拓扑、环形拓扑、树状拓扑和网状拓扑；按照网络覆盖的地域范围，计算机网络可分成局域网、城域网和广域网。其中，局域网（local area network，简称 LAN）覆盖范围一般在几百米到十几千米，传输速度快，被广泛应用于校园、工厂以及公司内部个人计算机或工作站。城域网（metropolitan area network，简称 MAN），覆盖范围一般在十几千米到几百千米。广域网（wide area network，简称 WAN），覆盖范围一般在几百千米到几千千米，但是，传输速度较慢。

互联网，又称网际网络，指的是网络与网络所串连成的庞大网络，互联网是世界上最大的计算机网络（图3-1）。

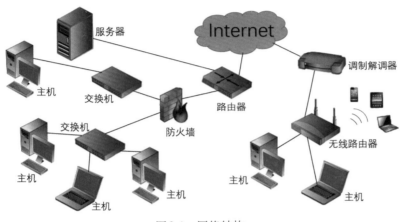

图3-1　网络结构

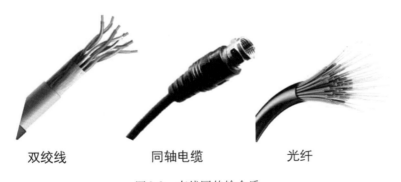

图3-2　有线网传输介质

（2）线路连接

用一根网线将运营商的调制解调器（或光猫）和路由器的 WAN 接口连接起来，再用一根网线将路由器的 LAN 口和计算机机箱连接起来（图3-3）。

知识探究
网络传输介质
传输介质是设备之间的物理链路，有线网主要的传输介质是双绞线、同轴电缆和光纤（图3-2）；无线网主要的传输介质是电磁波。

计算机网络与互联网

知识探究
调制解调器
调制解调器（modem，也称为"猫"），是计算机接入互联网时所必需的硬件，包括调制器（modulator）和解调器（demodulator），它的功能是将光信号（或模拟信号）和数字信号互相转换。

线路连接

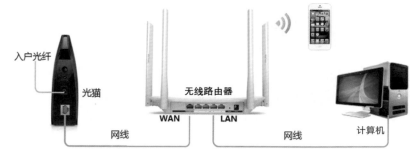

图3-3　线路连接

（3）设置路由器

根据路由器的使用说明，在浏览器地址栏中输入路由器管理网络地址，一般默认为192.168.1.1，进入路由器管理界面，输入厂商默认的登录用户名和密码（图3-4），设置路由器。

图3-4　路由器登录界面

知识探究

路由器

路由器（router）是一种连接两个或多个网络的网络硬件设备，是读取每一个数据包中的地址然后决定如何传送的专用智能性的网络设备。路由器的基本功能有：网络互连、数据处理、网络管理。

现在个人常用的无线路由器实际上是能够发送无线信号的路由器和交换机的一体化网络设备。

设置路由器

动动手

请动手查看当前自己的计算机IP地址。

查看网络连接

（4）查看网络连接

路由器设置好后，将会为计算机分配一个局域网IP地址。单击"开始"按钮—"Windows系统"—"命令提示符"（图3-5）。在打开的"命令提示符"对话框中输入"ipconfig"命令，可查看自动分配的IP地址（图3-6）。

图3-5　打开命令提示符

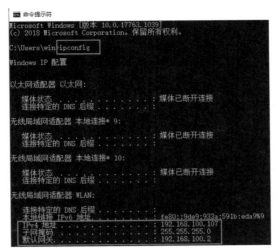

图3-6　查看IP地址

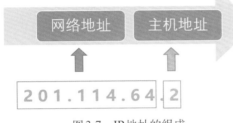

图3-7　IP地址的组成

（5）使用移动通信网络

移动通信网络是指通信一方能够处于移动状态下的网络，手机通信通常使用移动通信网络。

第一代移动通信（1G）是指模拟移动网技术，使用第一代通信网络的手机只能进行语言通话。GSM和CDMA被称为第二代移动通信（2G），实现了模拟移动通信向数字移动通信的升级换代，使用第二代移动通信技术的手机除可以处理语言通话外，还增加了短信、WAP上网等功能。第三代移动通信（3G）其核心是宽带无线通信，重点改善的是移动上网能力，能够处理图像、音乐、视频等多种媒体形式，提供包括网页浏览、电话会议、电子商务等多种信息服务。第四代移动通信（4G），将WLAN技术和3G通信技术进行了结合，使图像的传输速度更快，让图像传输的质量更高。在智能通信设备中应用4G通信技术让用户的上网速度更快。第五代移动通信（5G）是具有高速率、低时延和大连接特点的新一代宽带移动通信技术，5G通信设施是实

任务1 随堂测验

知识探究

浏览器

浏览器是计算机上网时使用的应用软件，是用来显示互联网上的文字、图像及其他信息的软件，它还可以让用户与这些文件进行交互操作。Microsoft Edge 是 Windows 系统自带的浏览器，具有浏览网页、收藏页面、保存网页、设置视图等多个功能。

知识探究

搜索引擎

搜索引擎是指根据用户需求，运用特定策略从互联网检索出指定信息，并反馈给用户的一门检索技术。搜索引擎依托于多种技术，如网络爬虫技术、检索排序技术、网页处理技术、大数据处理技术、自然语言处理技术等，为用户信息检索提供快速、高相关性的信息服务。

目前常用的搜索引擎：百度搜索引擎、搜狗搜索引擎、谷歌搜索引擎。

小贴士

区分浏览器和搜索引擎

浏览器是一种用于查看网页（网站）的工具软件，是一个程序；搜索引擎是在浏览器中以网站形式提供服务的网站。

现人机物互联的网络基础设施。5G是一个契机，它将帮助我们从电气化和信息化走向数字化和智能化，从而引发全面性变革。

3 任务小结

（1）计算机网络和互联网：互联网是世界上最大的计算机网络。

（2）计算机网络的分类：局域网、城域网、广域网。

（3）网络传输介质。

①有线：双绞线、同轴电缆、光纤。

②无线：WiFi、NFC。

（4）常用网络设备：调制解调器、路由器。

（5）网络协议、IP地址的格式和分类。

（6）移动通信网络：1G、2G、3G、4G、5G。

（7）实践内容：计算机和路由器线路连接、设置路由器、查看IP地址。

（8）德技并修：中国通信产业的发展之路。

任务2 搜索网络资源

1 任务要求

（1）启动 Microsoft Edge 浏览器，将"百度"设为主页。

（2）搜索"全国计算机等级考试"官网，并加入收藏夹。

（3）搜索近一年大学生乡村振兴实践活动相关新闻。

（4）检索近三年"犬细小病毒病的诊断与治疗"相关文献。

2 实施步骤

（1）将"百度"设为主页

①双击"桌面"上的 Microsoft Edge 图标（图3-8），启动浏览器。

图3-8 Microsoft Edge 浏览器

②在浏览器的地址栏中输入网址http：//www.baidu.com，按键盘上【Enter】键，打开"百度"首页（图3-9）。

图3-9　打开"百度"首页

③单击"设置"按钮，在页面左侧选择"开始、主页和新建标签页"菜单，在页面右侧的"Microsoft Edge启动时"下方选择"打开以下页面"选项，单击"页面"后的"添加新页面"按钮。弹出"添加新页面"对话框，在"输入URL"下方的文本框中输入"www.baidu.com"，单击"添加"按钮（图3-10）。

图3-10　将"百度"设为主页

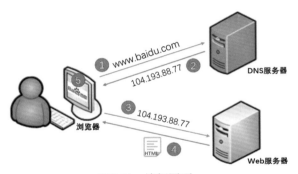

图3-11　访问网页

将"百度"设为主页

🔍 知识探究

域名系统

域名系统（domain name system，简称DNS）是互联网的一项服务，它是将域名和IP地址相互映射的一个分布式数据库，使人们可以更方便地访问互联网。域名是互联网上某一台计算机或计算机组的名称，域名由一串用点分隔的名字组成，域名系统的名字空间是层次结构的，最上层节点的域名称为顶级域名，第二层节点的域名称为二级域名，依此类推。域名的层次结构如下：

……三级域名.二级域名.顶级域名

顶级域名包括国家或地区域名和七个类别域名。例如，".uk"代表英国、".fr"代表法国、".cn"代表中国，".com"和".top"表示企业，".edu"表示教育机构，".gov"表示政府机构，".net"表示互联网络及信息中心，".org"表示非营利性组织。

📋 小贴士

浏览器的其他设置

除了锁定主页，还可以对浏览器进行多种设置，如设置浏览器外观、设置默认浏览器、设置隐私、搜索和服务、设置Cookie和网站权限等。

🔧 动动手：

请试试将Microsoft Edge设为默认浏览器。

收藏"全国计算机等级
考试"官网

（2）搜索并收藏"全国计算机等级考试"官网

①打开百度搜索引擎，在搜索栏输入"全国计算机等级考试"，并按键盘上【Enter】键，开始搜索。再单击搜索结果中标有"官方"的网页（图3-12）。

图3-12　搜索"全国计算机等级考试"官网

②单击"将此页面添加到收藏夹"按钮，打开"已添加到收藏夹"对话框，在"名称"后的文本框中输入"全国计算机等级考试官网"，单击"完成"按钮（图3-13）。

图3-13　收藏网页

（3）搜索近一年大学生乡村振兴实践活动新闻

打开百度搜索引擎，在搜索栏输入"大学生 乡村振兴 实践"，单击"搜索工具"，选择时间为"一年内"（图3-14）。

百度语法中，"与"用"+"或者" "来表示，"或"用"|"来表示，"非"用"-"来表示。

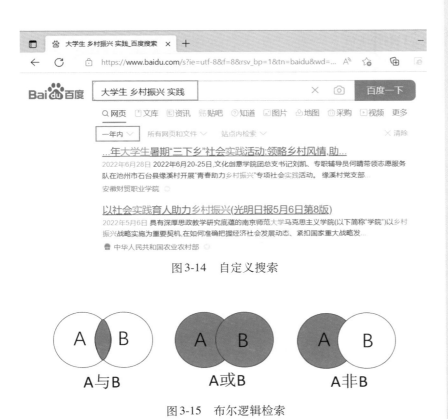

图3-14　自定义搜索

搜索近一年大学生乡村振兴实践活动新闻

A与B　　A或B　　A非B

图3-15　布尔逻辑检索

（4）检索近三年"犬细小病毒病的诊断与治疗"相关的文献

①打开"中国知网"首页，单击检索框右侧的"高级检索"（图3-16），进入"高级检索"页。

图3-16　知网首页

②选择检索字段"主题"，输入检索词"犬细小病毒病"；选择第二个检索字段"篇关摘"，输入检索词"诊断"，选择检索运算符"AND"，选择检索模式"精确"；选择第三个检索字段"篇关摘"，输入检索词"治疗"，选择检索运算符"AND"，选择检索模式"精确"；设置时间范围"2021至今"，单击"检索"按钮（图3-17）。

小贴士
百度搜索工具

百度搜索工具提供了时间、网页和文件、站内检索等三个功能，配合检索词，可以进一步提高检索结果的精准性。单击"时间不限"，可以根据自己的时间需求查找需要的内容；"所有网页和文件"，可以定位自己要查找的文件类型；"站内检索"，主要是针对某个网站内的数据进行检索，需要注意的是，网站网址只能填写主域名，不支持二级域名检索。

拓展资料
常用中文全文数据库

常用的中文全文数据库：中国知网、万方数据、维普资讯、中国国家数字图书馆。

小贴士
收藏夹

将常用网站加入收藏夹后，就可以从收藏夹中快速打开该网站。

小贴士
鉴别官网和推广链接

网络信息资源鱼龙混杂，需要理性辨别其真伪优劣。通过百度搜索引擎搜索的网站，其网站标题后如果有蓝色的"官方"二字，表示百度已对该网站的经营主体资质、网站安全性、网站权威性等进行了核查。通过百度搜索引擎搜索出的结果下方如果出现灰色的"广告"二字，表示该信息为百度收费的推广链接，用户需要仔细甄别该信息的真伪。

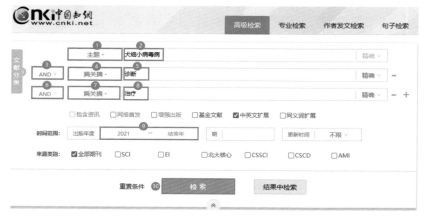

图3-17　高级检索

③检索结果如图3-18所示，可根据主题、学科、发表年度、研究层次、期刊、来源类别、作者、机构、基金等条件对结果进一步筛选。

图3-18　检索结果

④勾选某条具体的记录，选择合适的处理方式，包括CAJ下载、HTML浏览、收藏和引用（图3-19）。单击检索结果中某条记录的篇名，可查看该文献的详细信息，包括文章目录、标题、作者、摘要、关键词、基金、页码、参考文献等基本信息；还可对文献进行处理，包括引用、收藏、分享、打印、关注、记笔记、手机阅读、HTML阅读、CAJ下载和PDF下载等（图3-20）。

图3-19　对检索结果的操作

中国动物保健 2022,24(11)

中西结合治疗犬细小病毒与犬附红细胞体混合感染

泰兴市珩令街道畜牧兽医站

摘要：犬细小病毒病是一种由犬细小病毒感染引起的高接触性传染病。主要引起犬科动物出现急性出血性类肠炎等症状。该病具有很强的传染性和极高的发病率、死亡率，严重威胁着犬的生命健康。犬附红细胞体病是一种由附红细胞体寄生于机体红细胞、血浆和组织细胞内的血液传染病，该病的感染率较高，症状较为严重，当呈急性临床症状时，会引起犬的大量死亡，给养犬业造成巨大的经济损失。本文主要对附种慢性传染病的发病特点、临床症状、病理变化及诊断方法展开描述，并针对一例混合感染病例提出一些中西医结合的治疗方法和预防措施，为犬类动物的健康加养提供参考。

关键词：犬细小病毒；犬附红细胞体；混合感染；中西医结合

专辑：农业科技
专题：畜牧与动物医学
分类号：S858.292

图3-20 文献详细信息

③ 任务小结

（1）基本概念：浏览器、域名系统、万维网、互联网、信息检索。

（2）基础知识：互联网上超文本的传输协议及传输过程、布尔逻辑检索、信息检索流程、百度搜索服务、常用中文数据库。

（3）实践内容：浏览器的设置和使用、百度搜索引擎的使用、中国知网数据库的使用。

（4）德技并修：鉴别官网和推广链接。

任务3 使用网络进行交流

① 任务要求

（1）注册电子邮箱并收发电子邮件。

（2）注册并使用即时通信工具QQ，设置隐私和防骚扰模式，了解常见社交软件诈骗方式。

② 实施步骤

（1）注册电子邮箱

①输入网易网址，进入网易主页，单击右上角"注册免费邮箱"（图3-21）。

任务2 随堂测验

注册电子邮箱

图3-21　网易首页

　　②设置用户名（根据要求选择易记的字符组成）和密码，并验证手机号，勾选"同意服务条款"，单击"立即注册"按钮（图3-22）。

图3-22　注册邮箱

　　③输入正确的手机验证码后，将弹出"注册成功"窗口，单击"进入邮箱"按钮（图3-23），开始使用邮箱。

图3-23　邮箱注册成功

图3-24　电子邮箱地址格式

（2）发送电子邮件

①单击"开始"选项卡—"新建"组中的"新建电子邮件"按钮。打开"新邮件"窗口，依次输入收件人"zhangmei2031@sina.com"、主题"计算机一级考试大纲"（图3-25）。

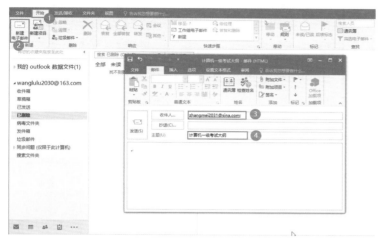

图3-25　新建电子邮件

②单击"附加文件"按钮，在打开的下拉列表中选择"浏览此电脑"命令（图3-26），选择"计算机一级考试大纲"文件。

图3-26　附加文件

图3-27　电子邮件工作流程

知识探究

电子邮件

电子邮件（electronic mail，简称E-mail），是一种用电子方式进行信息交换的通信方式，是互联网应用最广的服务。通过网络的电子邮件系统，用户可以以非常低廉的价格（不管发送到哪里，都只需负担网费）、非常快速的方式（几秒之内可以发送到世界上任何指定的目的地），与世界上任何一个角落的网络用户联系。

电子邮箱的地址格式通常为：用户名+@+域名（图3-24）。在同一个邮件服务器中，用户名是唯一的；域名是电子邮件服务商的后缀名，如"sina.com""163.com"等。

发送电子邮件

知识探究

常见的电子邮件协议及其工作流程

SMTP（simple mail transfer protocol，简单邮件传输协议）：SMTP主要负责底层的邮件系统如何将邮件从一台机器传输至另外一台机器。

POP（post office protocol，邮局协议）：常用版本为POP3，POP3是把邮件从电子邮箱传输到本地计算机的协议。

IMAP（Internet message access protocol，互联网邮件访问协议）：常用版本为IMAP4，它提供了邮件检索和邮件处理的新功能，这样用户可以不必下载邮件正文就可以看到邮件的标题摘要，从邮件客户端软件就可以对服务器上的邮件和文件夹目录等进行操作。

电子邮件工作流程如图3-27所示。

③输入邮件正文："张梅，你好！这是我找到的计算机一级考试大纲，希望对你有帮助！"，单击"发送"按钮（图3-28）。

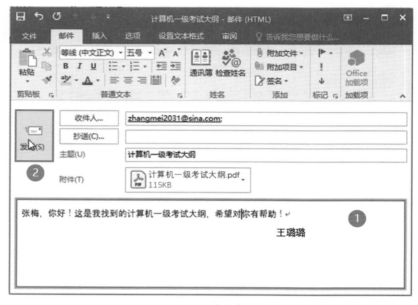

图3-28　发送邮件

（3）接收并回复电子邮件

①单击"收件箱"，双击邮件列表中需要阅读的邮件（图3-29），打开邮件进行阅读。

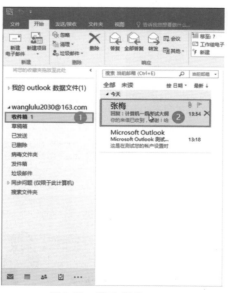

图3-29　接收邮件

②右击附件"等级考试模拟试卷.zip",在弹出的菜单中选择"另存为"命令（图3-30）。打开"保存"对话框，设置保存路径和文件名，保存附件。

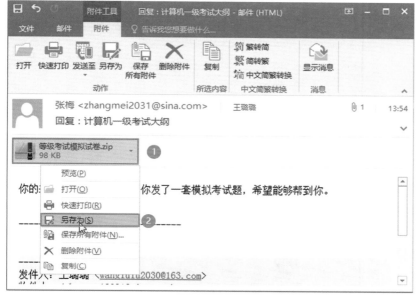

图3-30　下载附件

③单击"邮件"选项卡—"相应"组中的"答复"按钮，打开"答复邮件"窗口。在邮件正文区域输入"模拟考试题已收到，谢谢！"，单击"发送"按钮（图3-31）。

图3-31　回复邮件

（4）注册并使用腾讯QQ

①双击已安装好的QQ软件，单击左下角"注册账号"。在打开的注册页面中依次输入昵称、密码、手机号等信息，选择"我已阅读并同意服务协议和QQ隐私保护指引"，单击"立即注册"按钮（图3-32）。

小贴士
谨防邮件病毒

计算机病毒可通过电子邮件传播，邮件病毒的危害巨大，如果处理不好会对用户的计算机系统甚至是工作都会产生极大的危害。邮件病毒的最主要形式是附件病毒，只要用户点击了附件或是点开信件病毒就会发作，所以对陌生人发来的邮件需要谨慎打开，未知的附件更不要下载。

图 3-32　注册 QQ 账号

②打开软件，在登录框中依次输入 QQ 号、密码，单击"登录"按钮（图 3-33），也可使用手机 QQ 扫码登录。

图 3-33　登录 QQ

③单击下方的"加群/好友"按钮，根据需要选择"查找"对话框中的"找人"或"找群"选项卡，输入要查找的 QQ 号、群号、昵称或关键词等，单击"查找"按钮开始查找。待查找结果出来后，单击"加群"或"加好友"按钮（图 3-34）。

图 3-34　添加好友或群

图3-35　防骚扰设置

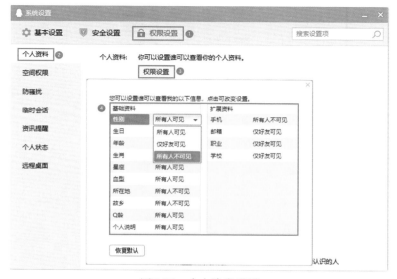

图3-36　个人隐私设置

④单击好友头像，打开好友聊天窗口（图3-37）。可以邀请好友进行语音和视频聊天，可以给好友发送文字、语音、图片、文件、表情包、邮件、红包等，可以邀请好友进行远程协助或控制对方计算机，还可以进行分享屏幕、截屏等操作。

图3-37　好友聊天窗口

🎯 小策略

防骚扰设置

如果不希望他人随便加自己为好友，可以进行防骚扰设置，开启个性化的身份验证功能。包括设置别人查到自己的方式、自己验证好友的方式和是否允许好友克隆账号等。可单击左下角的"主菜单"，打开"系统设置"对话框，选择"权限设置"选项卡下的"防骚扰"菜单，再根据个人情况进行设置（图3-35）。

💬 小贴士

隐私设置

QQ可以即时通信，但也是一款社交软件。可在"主菜单"—"权限设置"—"个人资料"—"权限设置"中设置个人信息的可见范围，每条资料都可以设置"所有人可见""仅好友可见"和"所有人不可见"三种权限（图3-36）。

💬 小贴士

常见社交软件诈骗方式

常见社交软件诈骗方式包括：冒充亲友借钱、以刷单返现为由要求用户转账、以介绍兼职为由要求交保证金等。请注意，凡是网络兼职、刷单等做任务，对方要求先付款再返佣金的都要提高警惕；遇到不明链接，不要随便打开，以防身份信息泄露和计算机、手机中毒；凡是涉及转账和汇款的，务必核实好对方的身份。

拓展资料

《中华人民共和国网络安全法》

2017 年 6 月 1 日，《中华人民共和国网络安全法》（以下简称《网络安全法》）正式实施。《网络安全法》共包含总则、网络安全支持与促进、网络运行安全、一般规定、关键信息基础设施的运行安全、网络信息安全、监测预警与应急处置、法律责任、附则等。《网络安全法》作为我国第一部全面规范网络空间安全管理的基础性法律，在保障网络安全，维护网络空间主权、护航国家数字经济持续健康发展等方面发挥了重要作用，是依法治网、化解网络风险的法律重器。

任务 3　随堂测验

⑤单击群头像，打开群聊天窗口。群聊天窗口跟好友聊天窗口类似，但功能更丰富。除了基本的聊天功能，还可以修改群昵称（图 3-38）、发布公告、创建群相册、开启直播间、布置作业、收集资料、发布投票，可以上传、下载群文件，也可以创建和编辑在线文档（图 3-39）。

图 3-38　修改群昵称

图 3-39　群文件管理

3 任务小结

（1）基础知识：电子邮件的定义、格式、协议、工作流程。

（2）实践内容：注册电子邮箱并收发电子邮件、注册并使用 QQ、与好友聊天、QQ 防骚扰设置和保护个人隐私。

（3）德技并修：谨防邮件病毒、常见社交软件诈骗方式、《中华人民共和国网络安全法》、国家网信办"清朗"专项行动。

📺 实战演练

网上采购无线路由器

1 任务描述

张宁是公司采购部的一名员工，公司即将搬入新的办公大楼，为了让大家有更好的办公和手机上网体验，他需要网上采购8台无线路由器。

2 任务要求

（1）同时支持2.4G与5G两个频段。

（2）无线传输速率6000Mbps或以上。

（3）每台路由器预算在400元以内。

（4）要能够开具普通税务发票。

3 任务提示

（1）选择一个口碑信誉好的电商平台，注册好账号。

（2）通过关键字搜索产品，再通过限定条件（价格、主要性能等）缩小搜索范围。

（3）查看产品页面宣传和介绍，在搜索范围中初步选定2～3款性价比符合预期的产品进一步了解。

（4）查看商品评价。

（5）与客服进一步咨询产品细节、保修情况以及发票事宜。

（6）综合比较以后，下单。

（7）关注物流情况，准备收货。

👁 职业认知

信息安全测试员

信息安全测试员是指通过对评测目标的网络和系统进行渗透测试，发现安全问题并提出改进建议，使网络和系统免受恶意攻击的人员。

拓展资料

国家网信办"清朗"专项行动

近年来，中华人民共和国国家互联网信息办公室（简称国家网信办）持续开展"清朗"系列专项行动，重拳整治网络生态突出问题，压紧压实网站平台主体责任，积极回应人民群众关心关切。2023年"清朗"系列专项行动，包括：整治"自媒体"乱象、打击网络水军操作信息内容、规范重点流量环节网络传播秩序、优化网络营商环境保护企业合法权益、整治生活服务类平台信息内容乱象、整治短视频信息内容导向不良问题、整治暑期未成年人网络环境、整治网络戾气、整治春节网络环境等9项专项行动，为广大网民营造文明健康的网络环境。

其主要工作任务包括：分析研究网络与信息系统安全攻防技术，并跟踪其发展变化；利用信息收集工具及技术手段，采集并分析评测目标的相关信息；制订评测目标的安全测试方案及实施计划；利用漏洞检测工具定位、识别评测目标存在的安全漏洞，并进行技术核查与评估；利用渗透工具对评测目标进行深度测试，验证安全漏洞引发的网络与系统安全隐患；编制安全评测报告，协助专业人员对评测目标进行安全恢复及技术改进。

设置 Windows 自带防火墙

使用 Ping 命令排查网络故障

🔁 拓展技能

1 设置 Windows 自带防火墙

2 使用 Ping 命令排查网络故障

🌐 等考操练

1 单项选择题

（1）Modem 是计算机通过电话线接入互联网时所必需的硬件，它的功能是_____。

    A.只将数字信号转换为模拟信号

    B.只将模拟信号转换为数字信号

    C.为了在上网的同时能打电话

    D.将模拟信号和数字信号互相转换

（2）以下关于电子邮件的说法，不正确的是_____。

    A.电子邮件的英文简称是E-mail

    B.加入互联网的每个用户通过申请都可以得到一个"电子信箱"

    C.在一台计算机上申请的"电子信箱"，以后只有通过这台计算机上网才能收信

    D.发送电子邮件不需要支付邮费

（3）接入互联网的每台主机都有一个唯一可识别的地址，称为_____。

    A.TCP地址   B.IP地址   C.TCP/IP地址   D.URL

（4）在计算机网络中，英文缩写WAN的中文名是_____。

      A.局域网   B.无线网   C.广域网   D.城域网

（5）在互联网上浏览信息时，浏览器和WWW服务器之间传输网页使用的协议是_____。

      A.HTTP   B.IP   C.FTP   D.SMTP

（6）根据域名代码规定，表示政府部门网站的域名代码是___。

      A..net   B..com   C..gov   D..org

（7）下列各项中，非法的互联网IP地址是_____。

      A.202.96.12.14   B.202.196.72.140

      C.112.256.23.8   D.201.124.38.79

（8）用户名为XUEJY的正确电子邮件地址的是_____。

      A.XUEJY @ bj163.com   B.XUEJY&bj163.com

      C.XUEJY#bj163.com   D.XUEJY@bj163.com

（9）互联网中，用于实现域名和IP地址转换的是_____。

      A.SMTP   B.DNS   C.FTP   D.Http

（10）计算机网络最突出的优点是_____。

      A.资源共享和传输信息快速   B.高精度计算和收发邮件

      C.运算速度快和传输信息快速   D.存储容量大和高精度

2 **根据题目要求完成网络操作题**

（1）使用浏览器打开中国教育考试网（http：//ncre.neea.edu.cn/），将页面加入收藏夹。浏览页面右下角"考试服务"栏中的"补办合格证明"页面内容，并将它以文本文件的格式保存到D盘，并命名为"BBHGZM.txt"。

（2）以王璐璐名义向高中同学王丽发送一个邮件，相约暑假为家乡制作宣传视频，并将网上下载的有家乡特色的歌曲作为附件发送给她。

具体如下：

【收件人】wangli@mail.home.com

【主题】为家乡制作宣传视频

【邮件内容】王丽，你好！乡村振兴战略对实现中华民族伟大复兴的中国梦具有重要意义，作为新时代的大学生，我们应该承担起振兴乡村的重担。我们的家乡虽然处于大山深处，但景色优美，物产丰富。暑假回去后，我们一起为家乡制作宣传视频，宣传家乡的美景和特产，为家乡振兴做一些力所能及的事情吧！

项目四　调查数据的统计与分析

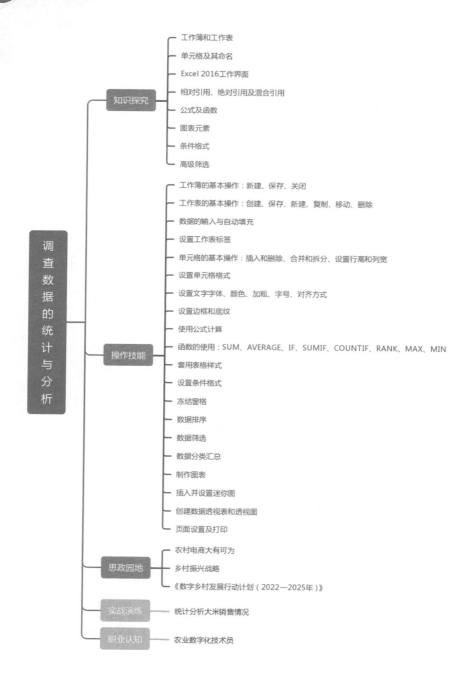

思维导图

调查数据的统计与分析

知识探究
- 工作簿和工作表
- 单元格及其命名
- Excel 2016工作界面
- 相对引用、绝对引用及混合引用
- 公式及函数
- 图表元素
- 条件格式
- 高级筛选

操作技能
- 工作簿的基本操作：新建、保存、关闭
- 工作表的基本操作：创建、保存、新建、复制、移动、删除
- 数据的输入与自动填充
- 设置工作表标签
- 单元格的基本操作：插入和删除、合并和拆分、设置行高和列宽
- 设置单元格格式
- 设置文字字体、颜色、加粗、字号、对齐方式
- 设置边框和底纹
- 使用公式计算
- 函数的使用：SUM、AVERAGE、IF、SUMIF、COUNTIF、RANK、MAX、MIN
- 套用表格样式
- 设置条件格式
- 冻结窗格
- 数据排序
- 数据筛选
- 数据分类汇总
- 制作图表
- 插入并设置迷你图
- 创建数据透视表和透视图
- 页面设置及打印

思政园地
- 农村电商大有可为
- 乡村振兴战略
- 《数字乡村发展行动计划（2022—2025年）》

实战演练
- 统计分析大米销售情况

职业认知
- 农业数字化技术员

项目描述

毕业论文是毕业前要完成的一项重要任务。通过前期调研和查找资料，王璐璐同学收集了"上海市2011—2016年犬细小病毒病的发病情况"的相关数据，为开展实验和撰写毕业论文奠定了基础。现在，她需要对采集的数据进行计算、汇总和分析，以便更好地设计实验方案。

项目分析

对数据的计算、分析和汇总等可以通过电子表格软件来完成。Office组件中的Excel 2016提供了强大的数据处理功能，它被广泛应用于金融、统计、经济及审计等工作中。因此，王璐璐同学可以通过Excel 2016来完成数据的创建、统计、美化及分析等任务，为后续实验的开展和毕业论文撰写工作提供必要的数据支撑。

项目实施

》任务1　新建"犬细小病毒病发病情况汇总表"

1 任务要求

（1）新建文件名为"犬细小病毒病发病情况汇总表"的工作簿，保存于E盘根目录下。

（2）新建并重命名"原始数据"和"待统计数据"工作表。

（3）输入和填充数据，最终效果如图4-1所示。

图4-1　新建"犬细小病毒病发病情况汇总表"效果

2 实施步骤

（1）新建工作簿

①在目标位置（例如，"桌面"），单击鼠标右键。

②选择"新建"菜单中的"Microsoft Excel 工作表"命令，新建一个空白工作簿，文件名默认为"新建 Microsoft Excel 工作表"（图4-2）。

新建工作簿

> **小贴士**
>
> 新建工作簿的其他方法
>
> ● 单击"开始"菜单，拖动滚动条到字母E，选择"Excel"命令。
>
> ● 在已打开的一个工作簿中，选择"文件"选项卡，单击"新建"命令，选择"空白工作簿"。
>
> **小贴士**
>
> 工作簿和工作表
>
> 工作簿是用于保存数据信息的文档（.xlsx），工作表是显示和处理数据的区域，一个工作簿可包含一个或多个工作表。

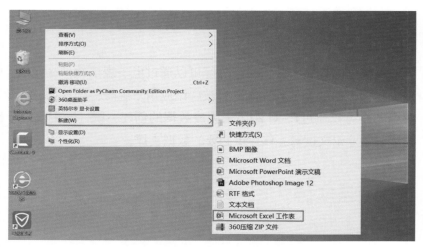

图4-2　新建工作簿

（2）创建工作表

①双击鼠标左键，打开新建的工作簿。

②在工作簿的左下角，已经有一张默认的工作表Sheet1。鼠标左键单击"⊕"号，将自动创建一张工作表"Sheet2"（图4-3）。

创建和删除工作表

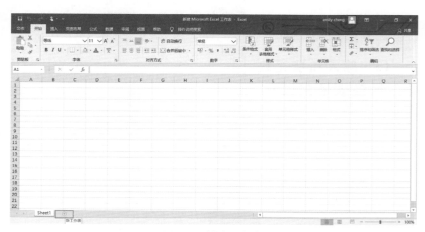

图4-3　创建工作表

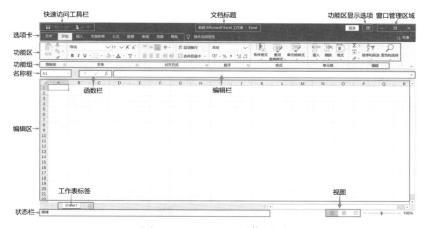

图4-4 Excel 2016工作界面

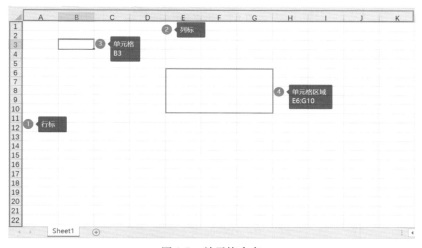

图4-5 单元格命名

（3）输入和填充数据

①在A1单元格输入文字"月份/年份"，在B1单元格中输入文字"2011年"（图4-6）。

图4-6 输入年份

📁 **小贴士**

自动填充

Excel的自动填充功能，指基于某一数据模式，自动在工作表中填充一系列数据，如日期、数字、文本和公式。如果填充数据中包含数字，默认采用"填充序列"方式；如果填充数据中只包含文本，默认采用"复制单元格"方式。

📁 **小贴士**

粗略调整行高和列宽

通过拖动列间的分隔线，可粗略调整列宽；拖动行间分隔线，可粗略调整行高。

📁 **小贴士**

输入当前日期

按【Ctrl+;】组合键，可快速输入当前日期；按【Shift+Ctrl+;】组合键，可快速输入当前时间。

复制工作表

②将鼠标放置在B1单元格右下角，当鼠标变成"+"（填充柄）时，按住鼠标左键并向右拖动至G1单元格，自动填充年份（图4-7）。

图4-7　填充年份

③输入表格中其他数据。拖动列间分隔线，使所有文字都显示出来（图4-8）。

图4-8　输入数据

④在L18单元格中输入"17-1-1"，Excel将自动以日期格式显示为"2017/1/1"。

（4）复制工作表

①鼠标右击"Sheet1"工作表标签，在打开的菜单中选择"移动或复制"命令（图4-9）。

图4-9　复制工作表

②在打开的"移动或复制工作表"对话框中勾选"建立副本"，单击"确定"按钮（图4-10）。

提示

如果不勾选"建立副本"复选框，将进行移动工作表操作。

图4-10　建立副本

（5）重命名工作表

①鼠标右击"Sheet1（2）"工作表标签，在打开的菜单中选择"重命名"命令（图4-11）。

重命名工作表

图4-11　重命名工作表1

②输入文字"待统计数据"（图4-12）。

图4-12　重命名工作表2

③鼠标双击"Sheet1"工作表标签，输入文字"原始数据"（图4-13）。

图4-13　重命名工作表3

（6）保存工作簿

①单击"文件"选项卡，选择"另存为"命令。

②双击"这台电脑"。

③在打开的对话框中选择文件存放路径E盘。

④输入文件名"犬细小病毒病发病情况汇总表"。

⑤单击"保存"按钮（图4-14）。

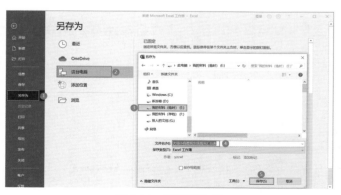

图4-14　保存工作簿

3 任务小结

（1）基本概念：工作簿、工作表、单元格。

（2）新建工作簿。

①"开始"—"Excel"—"新建"。

②在已打开的工作簿中，选择"文件"—"新建"—"空白工作簿"。

③在目标位置，单击鼠标右键，在打开的快捷菜单中选择"新建"—"Microsoft Excel 工作表"命令。

（3）Excel 2016工作界面。

（4）单元格和单元格区域的命名。

①单元格命名："列标"＋"行标"。

②单元格区域命名："左上角单元格名称：右下角单元格名称"。

（5）工作表的基本操作：新建、复制、移动、重命名、删除。

（6）数据的输入与自动填充。

📁 **小贴士**

快速保存工作簿

单击快速访问工具栏的"保存"按钮或者使用组合键【Ctrl+S】，可以在原文件位置快速保存演示文稿。

任务1 随堂测验

任务2 计算"犬细小病毒病发病情况汇总表"

1 任务要求

（1）使用公式计算"每月发病总数"。

（2）使用 SUM 函数计算每年发病总数。

（3）使用 MAX 函数计算每年"最高发病数"。

（4）使用 MIN 函数计算每年"最低发病数"。

（5）使用 AVERAGE 函数计算"每月发病平均数"。

（6）使用公式计算"每月发病率"。

（7）使用 COUNTIF 函数计算每年"发病数大于10的月份数"。

（8）使用 IF 函数判断季度。

（9）使用 SUMIF 函数计算每年"各季度的发病数"。

（10）使用 RANK 函数对各季度发病数降序排名。

（11）最终效果如图4-15所示。

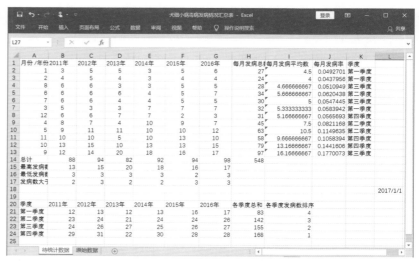

图4-15　计算"犬细小病毒病发病情况汇总表"效果

💡 提示

在单元格中编辑内容时，编辑栏会自动出现相同的内容。所以，也可以直接在编辑栏输入。

🔍 知识探究

公式

Excel中的公式，可用于执行计算、返回信息、处理其他单元格内容、测试条件等操作。公式必须以等号开头，再输入单元格地址（或鼠标单击选择单元格）和运算符。按【Enter】键，进行计算并将结果显示在输入公式的单元格中。

2 实施步骤

（1）使用公式计算每月发病总数

①双击鼠标左键，打开"犬细小病毒病发病情况汇总表"工作簿。单击"待统计数据"工作表。

②鼠标单击H2单元格，输入"=B2+ C2+ D2+ E2+ F2+ G2"（图4-16），按【Enter】键。

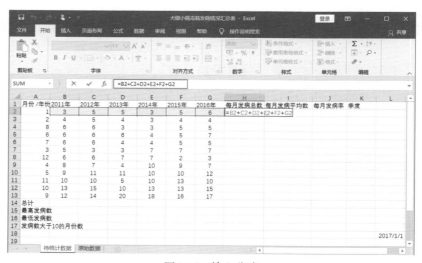

图4-16　输入公式

③选中H2单元格，拖动填充柄至H13，自动复制公式（图4-17）。

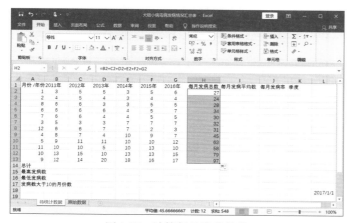

图4-17 计算每月发病总数

（2）使用SUM函数计算每年发病总数

①选择B14单元格，单击编辑栏上的"插入函数"按钮，在打开的"插入函数"对话框中选择"SUM"函数，单击"确定"按钮（图4-18）。

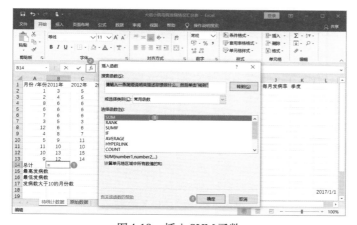

图4-18 插入SUM函数

②打开"函数参数"对话框，在"Number1"中选择数据区域"B2：B13"，单击"确定"按钮（图4-19）。

图4-19 SUM函数参数

使用SUM函数计算每年
发病总数

⊙ 知识探究

函数

函数是Excel中预定义的一些公式，能够实现特定的数据计算功能。

函数的语法格式：函数名（参数1，参数2，参数3，…）

⊙ 知识探究

SUM函数

函数功能：计算单元格区域中所有数值的和。

函数格式：SUM（number1,number2,…）

📄 小贴士

函数参数的输入方式

函数参数可以通过键盘输入或鼠标选择两种方式进行设置。

函数

③选中B14单元格，向右拖动填充柄至H14，复制函数（图
4-20）。

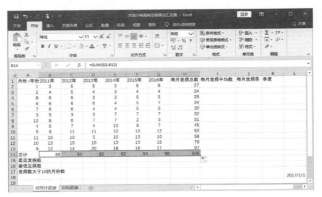

图4-20　计算每年发病总数

（3）使用MAX函数计算每年最高发病数

①选择B15单元格，在编辑栏中输入"=MAX（B2：B13）"
（图4-21），按【Enter】键。

图4-21　输入MAX函数

②选中B15单元格，向右拖动填充柄至G15，复制函数（图
4-22）。

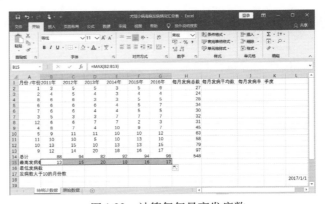

图4-22　计算每年最高发病数

（4）使用MIN函数计算每年最低发病数

①选择B16单元格，在编辑栏中输入"=MIN（B2：B13)"（图4-23），按【Enter】键。

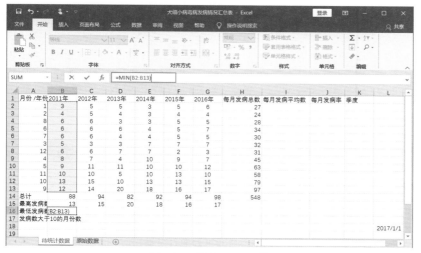

图4-23　输入MIN函数

②选中B16单元格，向右拖动填充柄至G16，复制函数（图4-24）。

图4-24　计算每年最低发病数

（5）使用AVERAGE函数计算每月发病平均数

①选择I2单元格，单击"开始"选项卡—"编辑"组—"求和"按钮，在打开的下拉列表中选择"平均值"命令（图4-25）。

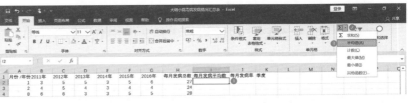

图4-25 使用"求和"按钮

②修改要计算平均值的单元格区域为"B2：G2"，单击"编辑栏"中的"输入"按钮（图4-26）。

图4-26 修改平均值计算区域

③选中I2单元格，向下拖动填充柄至I13，复制函数（图4-27）。

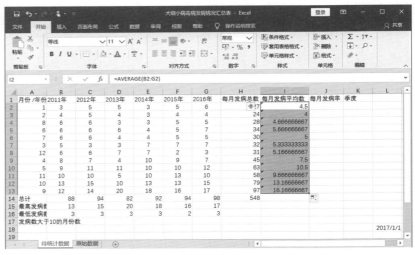

图4-27 计算每月平均发病数

（6）使用公式计算每月发病率

①选择J2单元格，在编辑栏输入"=H2/H14"。选择编辑栏公式中的"H14"，按【F4】键，行号和列号前自动加上"$"（图4-28）。按【Enter】键输入公式。

使用公式计算每月发病率

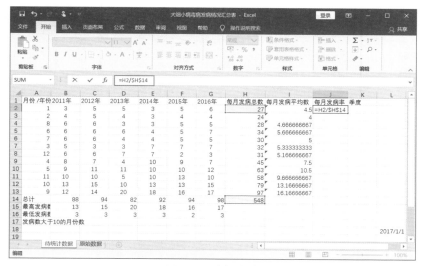

图4-28 编辑公式

②选中J2单元格，向下拖动填充柄至J13，复制公式（图4-29）。

图4-29 计算每月发病率

（7）使用COUNTIF函数计算每年发病数大于10的月份数

①选择B17单元格，单击编辑栏上的"插入函数"按钮，打开"插入函数"对话框，在"或选择类别"后的下拉列表中选择"统计"，拖动滚动条，选择函数"COUNTIF"，单击"确定"按钮（图4-30）。

引用及其分类

使用COUNTIF函数计算每年发病数大于10的月份数

🔍 知识探究

COUNTIF函数

函数功能：计算某个区域中满足给定条件的单元格数目。

函数格式：COUNTIF（range, criteria）

其中，range是要计算的单元格区域，criteria是计算的条件。

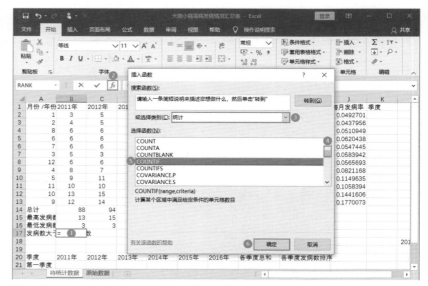

图4-30　插入COUNTIF函数

②打开函数参数对话框，在第一个参数中设定计算范围B2：B13，在第二个参数中设定计算条件"＞10"，单击"确定"按钮（图4-31）。

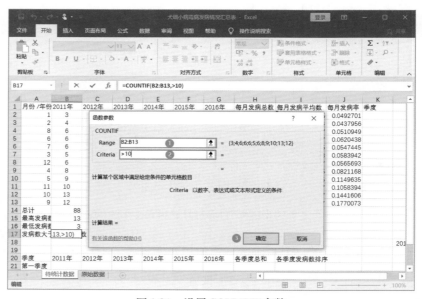

图4-31　设置COUNTIF参数

③选中B17单元格，向右拖动填充柄至G17，复制函数（图4-32）。

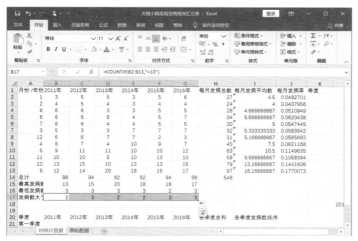

图4-32 计算每年发病数大于10的月份数

（8）使用IF函数判断季度

①选择K2单元格，在编辑栏中输入"=IF（A3<=3,"第一季度"，IF（A3<=6,"第二季度"，IF（A3<=9,"第三季度"，"第四季度"）））"（图4-33），按【Enter】键。

图4-33 输入IF函数

②选中K2单元格，向下拖动填充柄至K13，复制函数（图4-34）。

图4-34 判断季度

IF函数及其嵌套

使用IF函数判断季度

🔍 **知识探究**

IF函数

函数功能：根据设定的条件对数据进行判断，并返回相应的结果。

函数格式：IF (logical_test,value_if_true,value_if_false)

其中，logical_test是设定的条件，通常是用比较运算符（=、>、<、>=、<=、<>）连接起来的表达式；value_if_true是条件满足时返回的结果；value_if_false是条件不满足时返回的结果。

📋 **小贴士**

常见错误提示

"#DIV/O！"代表除数为0的现象。

"#VALUE！"代表使用了错误的参数或操作类型。

"#NAME？"代表公式中包含不可识别的文本。

（9）使用SUMIF函数计算每年各季度的发病数

①选中B21单元格，单击"公式"选项卡—"函数库"组中的"数学和三角函数"按钮，在打开的下拉列表中选择"SUMIF"函数（图4-35）。

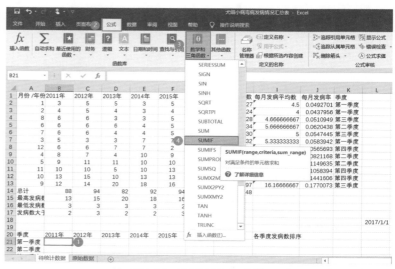

图4-35　选择SUMIF函数

②在第一个参数中选择区域K2：K13，选择"K2：K13"符号，按【F4】，使之变成绝对引用；在第二个参数中选择单元格A21，在列号"A"前插入"$"符号，使之变成混合引用；在第三个参数中选择区域B2：B13，在行号"2""13"前面插入"$"符号，单击"确定"按钮（图4-36）。

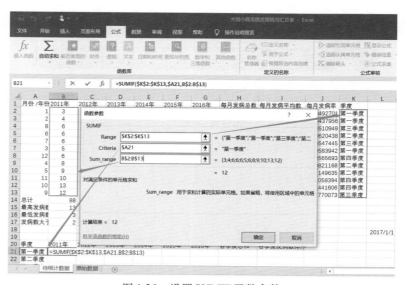

图4-36　设置SUMIF函数参数

③选中B21单元格，向右拖动填充柄至G21单元格，再继续向下拖动至G24单元格，复制函数（图4-37）。

图4-37 计算每年各季度的发病数

（10）使用RANK函数对各季度发病数排名

①选中H21：H24单元格区域，单击"开始"选项卡—"编辑"组中的"求和"按钮，完成该区域各行自动求和（图4-38）。

图4-38 计算各季度的发病总数

②选择I21单元格，单击编辑栏上的"插入函数"按钮，在

知识探究

RANK函数

函数功能：返回某数值在一列数字中相对于其他数字的大小排名。

函数格式：RANK (number,ref,order)

其中，number是要查找排名的数值；ref是排名单元格区域；order是排名方式，若是0或忽略，为降序，若不是0则为升序。

使用RANK函数对各季度发病数排名

"或选择类别"后的下拉列表中选择"全部"，拖动滚动条，选择函数"RANK"，单击"确定"按钮（图4-39）。

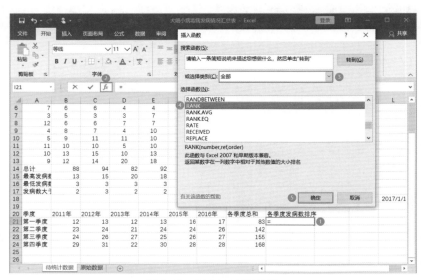

图4-39　插入RANK函数

③打开函数参数对话框，在第一个参数中选择要排名的数值H21；在第二个参数中选择排名区域H21：H24，然后选择文本框中的文字，按【F4】；在第三个参数中输入0，设置为降序排名，单击"确定"按钮（图4-40）。

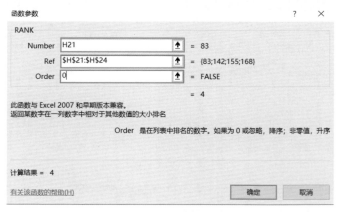

图4-40　设置RANK函数参数

④选中I21单元格，向右拖动填充柄至I24，复制函数（图4-41）。

图4-41　对各季度发病数排名

③ 任务小结

（1）使用公式进行计算。

（2）数据的引用：相对引用、绝对引用、混合引用。

（3）SUM、MAX、MIN、AVERAGE、IF、SUMIF、RANK、COUNTIF等常用函数功能、语法格式及使用。

（4）Excel中使用函数的方法。

①直接在编辑栏输入函数。

②使用编辑栏的"插入函数"对话框。

③"开始"选项卡—"编辑"组—"求和"命令中，提供了部分简单函数的快速调用功能。

④"公式"选项卡—"函数库"组，提供了所有预设函数。

任务3　美化"犬细小病毒病发病情况汇总表"

① 任务要求

（1）在"待处理数据"工作表中，为第1行插入表格标题"2011—2016年犬细小病毒病发病情况月汇总表"，第21行插入标题"2011—2016年犬细小病毒病发病情况季度汇总表"，合并单元格并居中。

（2）将"每月发病平均数"列数据格式设置为"数值"、小数位数设置为0，"每月发病率"列数据格式设置为"百分比"、小数位数为2，日期格式设置为"2017年1月1日"。

（3）将"2011—2016年犬细小病毒病发病情况月汇总表""2011—2016年犬细小病毒病发病情况季度汇总表"标题字体设置为"黑体、加粗、字号21、深蓝"；两个表格中的文字格式设置为"仿宋、字号13"，字体颜色为"蓝色、个性色1、深色25%"。

（4）设置"待统计数据"工作表标签颜色为"橙色"，"原始数据"工作表标签颜色为"红色"。

（5）设置第1行和第22行行高为30磅，A～K列列宽10.5磅，表格内文字"垂直居中、水平居中、自动换行"。

（6）设置A2：K18单元格区域内边框为"单实线、橙色"，外边框为"双窄线、黑色"，填充图案颜色"黄色"、图案样式为"6.25%灰色"；设置A2：K2单元格区域下边框为"粗实线、黑色"；设置A22：I26单元格区域套用表格格式"浅橙色，表样式浅色17"。

（7）将B3：G14单元格区域中数字大于10的单元格设置为"浅红填充深红色文本"；为B15：G15单元格区域设置"图标集、三向箭头（彩色）"。

（8）冻结工作表前两行。

（9）打印A1：K26单元格区域，纸张方向为横向、纸张大小为A4、上下边距各1.5厘米、左右边距各2厘米、水平垂直居中，最终效果如图4-42所示。

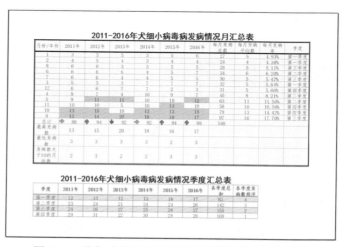

图4-42　美化"犬细小病毒病发病情况汇总表"效果

② 实施步骤

（1）插入标题

①打开"犬细小病毒病发病情况汇总表.xlsx"，选择工作表"待统计数据"。鼠标置于行号"1"上方，当鼠标形状变成向右的箭头时，单击左键，选择整行（图4-43）。

图4-43 选择行

②单击"开始"选项卡—"单元格"组中的"插入"按钮，在打开的下拉列表中选择"插入工作表行"命令（图4-44）。

图4-44 插入标题行

③在A1单元格中输入文字"2011—2016年犬细小病毒病发病情况月汇总表"。

④选择A1：K1单元格区域，单击"开始"选项卡—"对齐方式"组中的"合并后居中"按钮右侧的小三角形，在打开的下拉列表中选择"合并单元格"（图4-45）。

图4-45 合并单元格

⑤选择合并后的A1单元格，单击"开始"选项卡—"对齐方式"组中的"垂直居中"和"居中"按钮（图4-46），使单元格中的文字在垂直方向和水平方向居中。

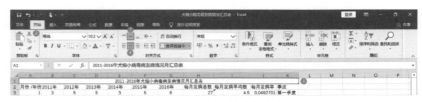

图4-46　设置标题对齐方式

⑥选择行号为21的整行，单击鼠标右键，在打开的快捷菜单中选择"插入"（图4-47）。

图4-47　插入行

⑦在A21单元格中输入文字"2011—2016年犬细小病毒病发病情况季度汇总表"。

⑧选择A1：K1单元格区域，单击"开始"选项卡—"对齐方式"组中的"合并后居中"按钮（图4-48）。

图4-48　合并后居中

（2）设置数字格式

①选择I3：I14单元格区域，单击"开始"选项卡—"数字"组右下角的"数字格式"按钮。打开"设置单元格格式"对话框，在"数字"选项卡—"分类"中选择"数值"，设置"小数位数"为0，单击"确定"（图4-49）。

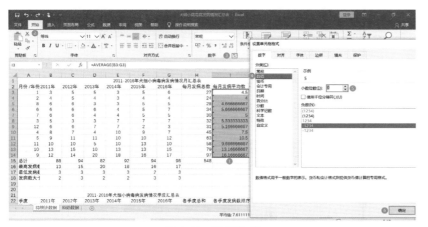

设置数字格式

图4-49　设置数值

②选择J3：J14单元格区域，单击鼠标右键，在打开的快捷菜单中选择"设置单元格格式"命令。打开"设置单元格格式"对话框，在"数字"选项卡—"分类"中选择"百分比"，设置"小数位数"为2，单击"确定"按钮（图4-50）。

图4-50　设置百分比

③选择L19单元格，在"设置单元格格式"对话框中，选择"数字"选项卡—"分类"中的"日期"，选择类型"2012年3月14日"，单击"确定"按钮（图4-51）。

图4-51　设置日期格式

（3）设置文字格式

①选择A1单元格，在"开始"选项卡—"字体"组中，单击"字体"文本框右边的下拉列表，选择"黑体"；在"字号"文本框中输入"21"；单击"加粗"按钮；单击"字体颜色"右边的下拉列表，选择"标准色"中的"深蓝"（图4-52）。

图4-52　设置标题文字格式

②选择A1单元格，单击"开始"选项卡—"剪贴板"组中的"格式刷"按钮，再单击A21单元格，两个标题就有了相同的格式（图4-53）。

图4-53　格式刷

③选择A2：K18单元格区域，单击"开始"选项卡—"字体"组右下角的"字体设置"按钮。在打开的"设置单元格格式"对话框中，选择"字体"为"仿宋"，在"字号"下的文本

框中输入"13"，选择字体颜色为"蓝色、个性色1、深色25%"（图4-54）。

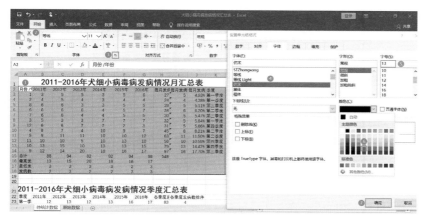

图4-54　设置表格文字格式1

④使用格式刷，使A22：I26单元格区域和A2：K18单元格区域具有相同的格式（图4-55）。

图4-55　设置表格文字格式2

（4）设置工作表标签格式

①鼠标右击"待统计数据"工作表标签，在打开的快捷菜单中选择"工作表标签颜色"，再选择"标准色"中的"橙色"（图4-56）。

设置工作表标签

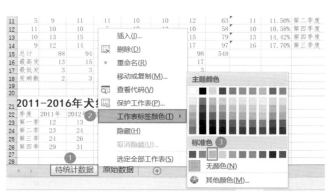

图4-56　设置工作表标签格式

②使用相同的方法，将"原始数据"工作表标签颜色设置为标准色中的"红色"。

（5）设置表格格式

①选择第1行，按住键盘上【Ctrl】键，再选择第21行。单击"开始"选项卡—"单元格"组—"格式"按钮，在打开的下拉列表中选择"行高"命令。打开"行高"对话框，在"行高"后的文本框中输入"30"，单击"确定"按钮（图4-57）。

设置表格格式

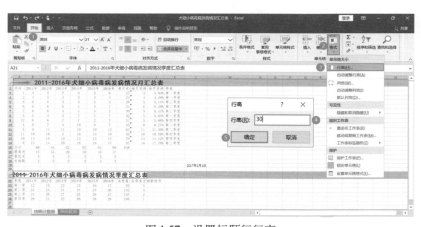

图4-57　设置标题行行高

②选择A2：K18单元格区域，单击"开始"选项卡—"单元格"组—"格式"按钮，在打开的下拉列表中选择"列宽"命令。打开"列宽"对话框，在"列宽"后的文本框中输入"10.5"，单击"确定"按钮（图4-58）。

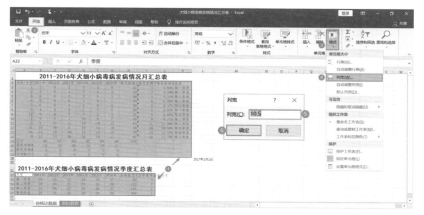

图4-58　设置列宽

③选择A2：K18单元格区域，按住键盘上【Ctrl】键，再选择A22：I26单元格区域。单击"开始"选项卡—"对齐方式"组右下角的"对齐设置"按钮，打开"设置单元格格式"对话框。在"对齐"选项卡中，设置"水平对齐"方式为"居中"，"垂直对齐"方式为"居中"，勾选"自动换行"（图4-59）。

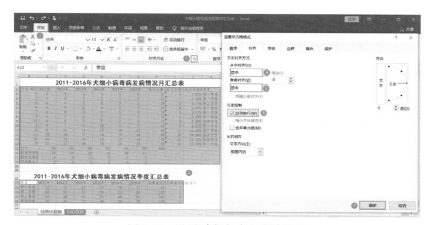

图4-59　设置对齐方式和自动换行

（6）设置边框和底纹

①选择A2：K18单元格区域，单击鼠标右键，在打开的快捷菜单中选择"设置单元格格式"命令。在打开的对话框中单击"边框"选项卡，选择"样式"为"单实线"，"颜色"为"橙色"，"预置"为"内部"；再次选择"样式"为"双窄线"，"颜色"为"黑色"，"预置"为"外边框"，单击"确定"按钮（图4-60）。

设置边框和底纹

🔊 小贴士

设置边框的操作步骤
选择单元格区域，打开"设置单元格格式"对话框后，在"边框"选项卡中依次选择线条样式、颜色，最后，确定待设置的边框在单元格区域中的相对位置。

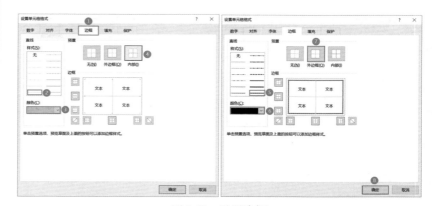

图4-60　设置边框

②选择A2：K2单元格区域，打开"设置单元格格式"对话框，单击"边框"选项卡，选择"样式"为"粗实线"，"颜色"为"黑色"，"边框"为"下边框"，单击"确定"按钮（图4-61）。

图4-61　设置下边框

③选择A2：K18单元格区域，打开"设置单元格格式"对话框，单击"填充"选项卡，设置图案颜色为"黄色"，图案样式为"6.25%灰色"，单击"确定"按钮（图4-62）。

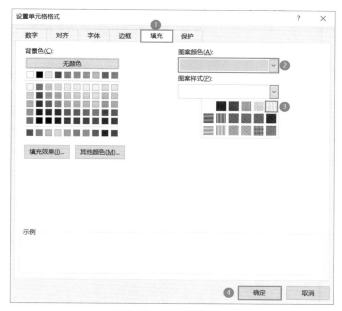

图4-62 设置图案填充

小贴士

快速设置表格样式

Excel中预设了多种表格样式，用户可以通过"套用表格样式"快速设置表格样式，提高工作效率，保证表格格式的美观。

（7）套用表格格式

选择A22：I26单元格区域，单击"开始"选项卡—"样式"组中的"套用表格格式"按钮，在打开的下拉列表中选择"浅橙色，表样式浅色17"，套用预设的表格样式（图4-63）。

图4-63 套用表格样式

套用表格格式

（8）设置条件格式

①选择B3：G14单元格区域，单击"开始"选项卡—"格式"组中的"条件格式"按钮。在打开的下拉列表中选择"突出显示单元格规则"—"大于"命令。打开"大于"对话框，在"为大于以下值的单元格设置格式"下的文本框中输入"10"，设置为"浅红填充深红色文本"，单击"确定"按钮（图6-64）。

知识探究

条件格式

条件格式是根据指定的条件来更改单元格的外观。如果条件为true，则设置单元格区域的格式。如果条件为false，则不设置单元格区域的格式。用户可以自行创建判断规则及格式，也可以调用Excel提供的内置条件及格式。

设置条件格式

图4-64　设置条件格式

②选择B15：G15单元格区域，单击"开始"选项卡—"格式"组中的"条件格式"按钮。在打开的下拉列表中选择"图标集"—"三向箭头（彩色）"选项，从而显示一组数据的变化（图4-65）。

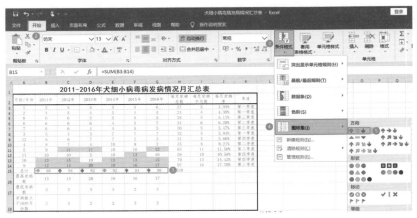

图4-65　设置图标集

（9）冻结窗格

选择工作表第3行，单击"视图"选项卡—"窗口"组中的"冻结窗格"按钮。在下拉列表中选择"冻结窗格"命令。（图4-66）。这样，在向下滚动表格时，表格前两行也会一直可见。

冻结窗格

🗒 小贴士

冻结窗格

"冻结窗格"可对表格中特定的行、列进行锁定。单击"视图"选项卡—"窗口"组中的"冻结窗格"按钮，在下拉列表中选择"取消冻结窗格"命令，可解除窗格冻结。

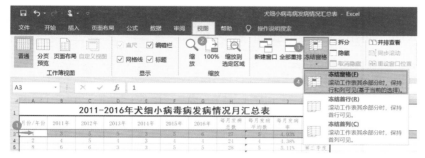

图4-66　冻结窗格

（10）设置页面及打印

①单击"页面布局"选项卡—"页面设置"组右下角的"页面设置"按钮。在打开的"页面设置"对话框中，单击"页面"选项卡，设置纸张方向为横向，纸张大小为A4（图4-67）。

页面设置及打印

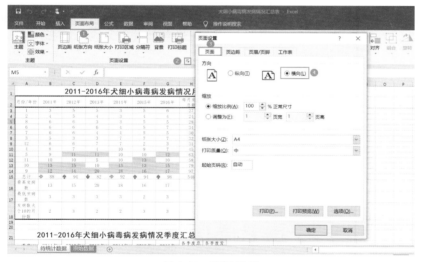

图4-67　设置页面

②单击"页边距"选项卡，设置"上边距"为1.5厘米、"下边距"为1.5厘米，设置"左边距"为2厘米、"右边距"为2厘米，"居中方式"设置为"水平""垂直"（图4-68）。

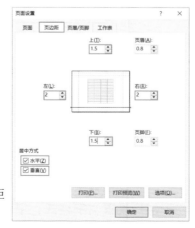

图4-68　设置页边距

③单击"工作表"选项卡，选择"打印区域"为"A1：K26"，单击"确定"按钮（图4-69）。

图4-69　设置打印区域

④单击"打印"按钮（图4-70）。

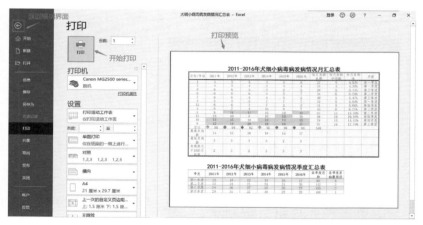

图4-70　打印工作表区域

任务3　随堂测验

③ 任务小结

（1）单元格基本操作：插入和删除单元格、合并和拆分单元格、设置行高和列宽、文字自动换行。

（2）美化表格：设置边框和底纹。

（3）设置数字格式：百分比、小数、日期。

（4）设置文字格式：字体、颜色、加粗、字号、对齐方式。

（5）设置工作表标签颜色。

（6）套用表格格式："开始"选项卡—"样式"组—"套用表格格式"命令，选择预设样式。

（7）冻结窗格："视图"选项卡—"窗口"组—"冻结窗格"命令。

（8）设置条件格式："开始"选项卡—"格式"组—"条件格式"命令，设置规则。

（9）页面设置：纸张方向、纸张大小、边距、对齐方式。

任务4 分析"犬细小病毒病发病情况汇总表"

1 任务要求

（1）对"2011—2016年犬细小病毒病发病情况季度汇总表"按"季度"升序进行排序；对"2011—2016年犬细小病毒病发病情况月汇总表"以"每月发病数"为主要关键字、"月份/年份"为次要关键字，升序排序。

（2）自动筛选"2011—2016年犬细小病毒病发病情况季度汇总表"中2013年度犬细小病毒发病数大于或等于21，且2016年度发病数大于26的数据；使用高级筛选筛选"2011—2016年犬细小病毒病发病情况月汇总表"中2011年度和2016年度犬细小病毒病发病数均大于10的数据。

（3）对"2011—2016年犬细小病毒病发病情况月汇总表"中的"每月发病数"按"季度"进行分类求和。

（4）为"2011—2016年犬细小病毒病发病情况季度汇总表"中A22：G26单元格区域建立"簇状柱形图"（系列产生在"列"）。设置图表标题为"2011—2016年犬细小病毒病发病情况季度汇总"，图例显示在顶部，设置"数据标签外"，绘图区用"羊皮纸"填充。将图表置于B28：G43单元格区域。

（5）为"2011—2016年犬细小病毒病发病情况月汇总表"创建每年数据变化迷你折线图，显示"高点"和"低点"，迷你图使用"玫瑰红，迷你图样式彩色#1"样式，置于B19：G19单元格区域。

（6）为"2011—2016年犬细小病毒病发病情况月汇总表"

创建透视表，"季度"到"行"，"2011年""2012年""2013年""2014年""2015年""2016年"及"每月发病总数"到"值"，并进行求和计算。建立数据透视表对应的"三维簇状条形图"，置于O8：S18单元格区域。

（7）最终效果如图4-71所示。

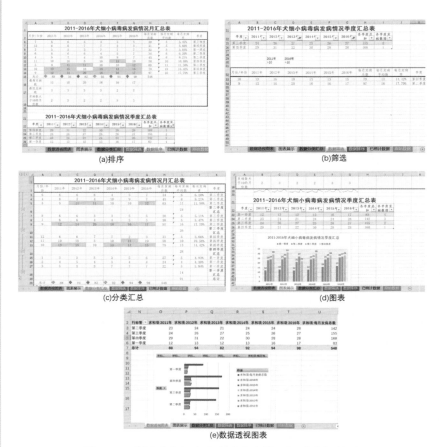

(a)排序　　　　　　　　(b)筛选

(c)分类汇总　　　　　　(d)图表

(e)数据透视图表

图4-71　分析"犬细小病毒病发病情况汇总表"效果

② 实施步骤

（1）数据排序

①打开"犬细小病毒病发病情况汇总表.xlsx"，将工作表"待统计数据"重命名为"已统计数据"。将该工作表复制五次，分别命名为"数据排序""数据筛选""数据分类汇总""图表展示""数据透视图表"，工作表标签颜色分别为标准色"紫色""深蓝""绿色""黄色""浅蓝"（图4-72）。

数据排序

图4-72　复制工作表

②选择"数据排序"工作表—"2011—2016年犬细小病毒病发病情况季度汇总表"—"各季度发病数排序"列任意单元格，单击"开始"选项卡—"编辑"组中的"排序和筛选"按钮，在打开的下拉列表中选择"升序"命令（图4-73）。

图4-73　快速排序

③选择A2：K14单元格区域，单击"数据"选项卡—"排序和筛选"组中的"排序"按钮，打开"排序"对话框；单击"主要关键字"后的下拉列表，设置"主要关键字"为"每月发病平均数"，"排序依据"为"单元格值"，次序为"升序"；单击"添加条件"按钮，设置"次要关键字"为"月份/年份"，"排序依据"为"数值"，次序为"升序"，单击"确定"按钮（图4-74）。

图4-74　自定义排序

小贴士

数据排序

排序是Excel数据管理最常用的工具之一。在Excel中，可通过快速排序对一列数据进行排序，或通过自定义排序对多列数据进行排序。自定义排序时，如果主要关键字单元格值相同的，将依次根据次要关键字设置的条件进行判断并排序。

小贴士

自动筛选

选择表格中任意单元格，单击"开始"选项卡—"编辑"组中的"筛选"按钮（或单击"数据"选项卡—"排序和筛选"组中的"筛选"按钮），标题行各列将自动出现"筛选"按钮。数据筛选后，表格中只显示符合条件的数据，其他数据将暂时隐藏起来。

自动筛选

小贴士

自定义自动筛选方式

用户可以根据需要，使用自动筛选自定义多个筛选条件，但是，只有同时满足多个筛选条件的数据才会显示出来。

（2）自动筛选

①选择"数据筛选"工作表—"2011—2016年犬细小病毒病发病情况季度汇总表"—"季度"（A22）右下角的下拉列表按钮，在"搜索框"中输入"第三季度"，单击"确定"按钮（图4-75）。

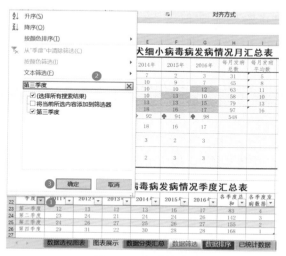

图4-75　自动筛选

②选择"季度"（A22）单元格，单击"开始"选项卡—"编辑"组中的"排序和筛选"按钮，在打开的下拉列表中选择"清除"命令，将显示所有数据。

③单击"2013年"右下角的下拉列表按钮，选择"数字筛选"—"大于或等于"选项，在选项中输入"21"（图4-76）。

图4-76　数字筛选1

④使用相同的方法，设置筛选条件为"2016年"数字大于"26"（图4-77）。

2011-2016年犬细小病毒病发病情况季度汇总表								
季度	2011	2012	2013	2014	2015	2016	各季度总和	各季度发病数排
第三季度	24	26	27	25	26	27	155	2
第四季度	29	31	22	30	28	28	168	1

数据透视图表　图表展示　**数据分类汇总**　数据筛选　数据排序　已统计数据　原始数据

图4-77　数字筛选2

（3）高级筛选

① 在"数据筛选"工作表—"2011—2016年犬细小病毒病发病情况月汇总表"中，在C29单元格输入筛选序列"2011年"，在C30单元格输入筛选条件">10"；在D29单元格输入筛选序列"2016年"，在D30单元格输入筛选条件">10"（图4-78）。

	A	B	C	D	E
28					
29			2011年	2016年	
30			>10	>10	
31					

图4-78　高级筛选条件

② 单击"数据"选项卡—"排序和筛选"组中的"高级"按钮，在打开的"高级筛选"对话框中，选择"将筛选结果复制到其他位置"，设置"列表区域"为A2：K14单元格区域，"条件区域"为C29：D30，"复制到"单元格A32，单击"确定"按钮（图4-79）。

图4-79　高级筛选

（4）分类汇总

① 在"分类汇总"工作表—"2011—2016年犬细小病毒病发病情况月汇总表"中，对"季度"列进行升序排列（图4-80）。

💡 小贴士

高级筛选

设定高级筛选条件时，如果多个筛选条件之间是"与"的关系，创建筛选条件时，所有筛选序列写在同一行，所有筛选条件写在下一行相应筛选序列的下方；如果多个筛选条件之间是"或"的关系，筛选的条件应写在不同行。

高级筛选

分类汇总

📣 注意

分类汇总

在进行分类汇总之前，要保证数据表中具有可以分类的序列，因此，需要对分类字段进行排序。

2011—2016年犬细小病毒病发病情况月汇总表										
月份/年份	2011年	2012年	2013年	2014年	2015年	2016年	每月发病总数	每月发病平均数	每月发病率	季度
6	6	6	6	4	5	7	34	6	6.20%	第二季度
4	8	7	4	10	9	7	45	8	8.21%	第二季度
5	9	11	11	10	10	12	63	11	11.50%	第二季度
8	6	6	3	3	5	5	28	5	5.11%	第三季度
7	6	6	4	4	5	5	30	5	5.47%	第三季度
9	12	14	20	18	16	17	97	16	17.70%	第三季度
12	6	6	7	7	2	3	31	5	5.66%	第四季度
11	10	10	5	10	13	10	58	10	10.58%	第四季度
10	13	15	10	13	13	15	79	13	14.42%	第四季度
1	3	5	3	3	5	6	27	5	4.93%	第一季度
2	4	5	4	3	4	4	24	4	4.38%	第一季度
3	5	3	5	3	7	7	32	5	5.84%	第一季度
总计	88	94	82	92	94	98	548			
最高发病数	13	15	20	18	16	17				
最低发病数	3	3	3	3	2	3				
发病数大于10的月份数	2	3	2	2	3	3				

图4-80 "季度"升序排列

②选择A2：K14单元格区域，单击"数据"选项卡—"分级显示"组中的"分类汇总"按钮。打开"分类汇总"对话框，选择"分类字段"为"季度"，"汇总方式"为"求和"，"选定汇总项"为"每月发病总数"，选择"替换当前分类汇总""汇总结果显示在数据下方"，单击"确定"按钮（图4-81）。

图4-81 分类汇总

（5）制作图表

①选择"图表展示"工作表—"2011—2016年犬细小病毒病发病情况季度汇总表"中的A22：G26单元格区域，单击"插入"选项卡—"图表"组右下角的"查看所有图表"按钮，打开"插入图表"对话框。单击"所有图表"选项卡—"柱形图"—"簇状柱形图"，单击"确定"按钮（图4-82）。

制作图表

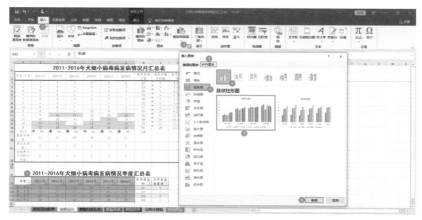

图4-82　插入图表

②单击"图表工具"—"设计"选项卡—"数据"组中的"切换行/列"按钮，切换图表的行和列（图4-83）。

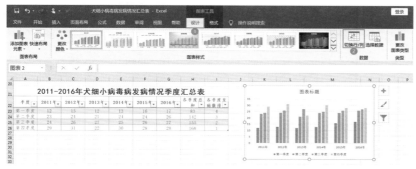

图4-83　切换行列

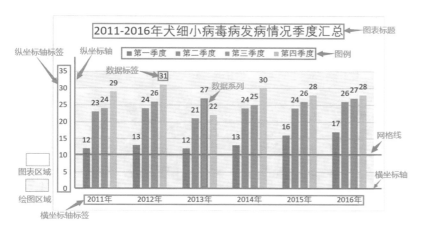

图4-84　图表元素

③单击"图表标题"，将图表标题改为"2011—2016年犬细小病毒病发病情况季度汇总"（图4-85）。

🔘 小贴士

图表元素及其设置方法

图表包含若干元素，如标题、坐标轴标签、图例和网格线等。这些元素可以显示或隐藏，也可以更改其位置和格式（图4-84）。

设置图表元素的通用方法：右键单击图表元素（例如，数据系列、轴或标题），选择对应的"图表元素"格式。右侧的"格式"窗格中可设置所选的图表元素的属性。

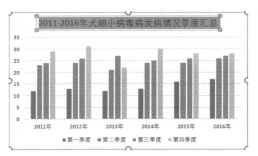

图4-85 修改图表标题

④选择图表，单击右上角"添加图表元素"按钮，在列表中选择"图例"旁边的箭头，在打开的下拉列表中选择"顶部"（图4-86）。

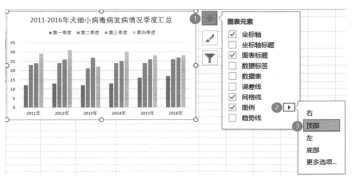

图4-86 修改图例位置

⑤选择图表，单击"图表工具"—"设计"选项卡—"图表布局"组中的"添加图表元素"按钮，在打开的下拉列表中选择"数据标签"—"数据标签外"命令（图4-87）。

图4-87 添加数据标签

⑥选择"绘图区"，单击鼠标右键，在打开的菜单中选择"设置绘图区格式"命令。在右侧的"设置绘图区格式"窗格中，选择"图片或纹理填充"，选择"羊皮纸"纹理（图4-88）。

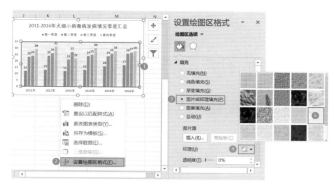

图4-88　设置绘图区格式

⑦鼠标左键单击图表，并拖动至B28：G43单元格区域（图4-89）。

图4-89　移动图表

（6）制作迷你图

①对"图表展示"工作表—"2011—2016年犬细小病毒病发病情况月汇总表"中A2：K14单元格区域，按照"月份"升序进行排列（图4-90）。

图4-90　按月份升序排列

②单击"插入"选项卡—"迷你图"组中的"折线图"按钮，打开"创建迷你图"对话框。选择数据范围B3：B14单元格区域，选择位置范围B19，单击"确定"按钮（图4-91）。

图4-91 插入迷你图

③选择刚插入的迷你图，单击"迷你图工具"—"设计"选项卡，在"显示"组勾选"高点"和"低点"，在"样式"组—"其他"选项中选择"玫瑰红，迷你图样式彩色#1"（图4-92）。

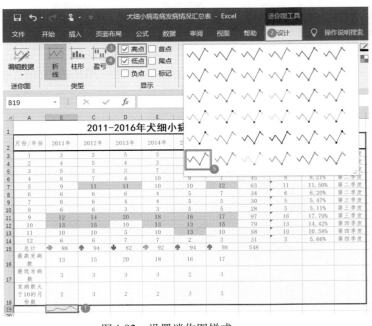

图4-92 设置迷你图样式

④选中B19单元格，向右拖动填充柄至G19单元格，复制迷你图（图4-93）。

图4-93　复制迷你图

（7）创建数据透视图表

①打开"数据透视图表"工作表，单击"插入"选项卡—"表格"组—"数据透视表"按钮，打开"创建数据透视表"对话框。在"选择一个表或区域"—"表/区域"中选择A2：K14单元格区域，"选择放置数据透视表的位置"为"现有工作表"—N2单元格（图4-94）。

创建数据透视图表

图4-94　插入数据透视表

②在右侧"数据透视表字段"窗格中，拖动"季度"到"行"下列表框中，拖动"2011年""2012年""2013年""2014年""2015年""2016年"及"每月发病总数"到"值"下的列表框中（图4-95）。

图4-95 设置数据透视表

图4-96 值字段设置

③选择数据透视表中任意单元格,单击"数据透视表工具"—"分析"选项卡—"工具"组中的"数据透视图"按钮,打开"插入图表"对话框。选择"条形图",选择"三维簇状条形图",单击"确定"按钮(图4-97)。

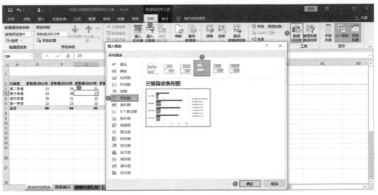

图4-97 数据透视图

④移动图表至O8：S18单元格区域（图4-98）。

任务4　随堂测验

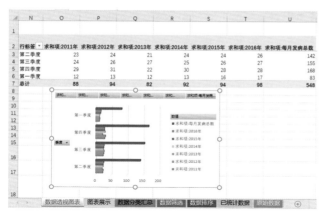

图4-98　移动数据透视图

3 任务小结

（1）数据排序。

① "开始"选项卡—"编辑"组—"排序和筛选"按钮—"升序"/"降序"/"自定义排序"命令。

② "数据"选项卡—"排序和筛选"组—"升序"/"降序"/"自定义排序"命令。

（2）自动筛选。

① "开始"选项卡—"编辑"组—"排序和筛选"按钮—"筛选"命令。

② "数据"选项卡—"排序和筛选"组—"筛选"命令。

③高级筛选。

•输入筛选条件："与"关系的筛选条件写在同一行；"或"关系的筛选条件写在不同行。

•"数据"选项卡—"排序和筛选"组—"高级"命令。

•设置列表区域、条件区域和筛选结果显示方式。

（3）分类汇总："数据"选项卡—"分级显示"组—"分类汇总"命令。

（4）制作图表："插入"选项卡—"图表"组—"所有图表"命令，选择合适的图表。

（5）制作迷你图："插入"选项卡—"迷你图"组—"折线图"/"柱形图"/"盈亏"命令。

（6）创建透视表："插入"选项卡—"表格"组—"数据透视表"命令。

（7）创建透视图："插入"选项卡—"图表"组—"数据透视图"命令。

💻 实战演练

统计大米销售情况

1 任务要求

某大米生产基地的销售部王经理，调取了本基地线上和线下两个渠道各品种大米一周销售数据，通过汇总分析销售情况，为后期调整销售方案提供参考。

2 实施步骤

（1）计算"销售数据"工作表中"目标销售额"和"实际销售额"，对日实际销售额大于10000元的单元格设置"浅红填充色深红色文本"；并按主要关键字"销售渠道"，次要关键字"销售时间"（升序）对表格中数据进行排序。

（2）将"销售数据"表中表格的标题文字设置为"黑体、字号21、深蓝"；表格中文字格式设置为"宋体、字号11"，字体颜色"蓝色、个性色5、深色25%"；设置表格对齐方式均为"水平居中、垂直居中"；设置A3：N55区域内边框为"单实线"，外边框为"双窄线、黑色"；设置P3：T16区域内边框为"单实线"，外边框为"双窄线、黑色"。

（3）分别计算"目标达成分析"表中线上、线下各商品的实际销售额和目标销售额；计算各商品线上、线下实际总销售额，并按实际总销售额排序，填写各商品受欢迎程度；分别计算各商品线上、线下目标达成率（实际销售额/目标销售额）和评价目标达成率，以"百分比"形式显示，并保留小数点后两位；根据平均目标达成率对销售情况做出评价（≥120%，优秀；≥110%，良好；≥95%，合格；<95%，不合格）。

（4）在A20：E35单元格区域为"目标达成分析"表中各商品线上和线下实际销售额建立簇状柱形图，图表标题为"各商品销售情况对比图"，显示在图表上方；图例显示在底部，设置"数据标签外"，并利用图表样式"样式11"修饰图表。

🔲 **拓展资料**

农村电商大有可为

陕西省柞水县金米村地处秦岭深处，交通不便，曾经是远近闻名的贫困村。近年来，当地村民因地制宜，终于依靠种植木耳实现脱贫。2020年4月20日下午，习近平总书记到金米村，同准备电商直播的村民亲切交流，为柞水木耳"点赞带货"。习近平总书记指出，电商，在农副产品的推销方面是非常重要的，是大有可为的。这既是对农村电商这种新业态的肯定，也指出了农村电商具有广阔的发展前景。

职业认知

农业数字化技术员

农业数字化技术员是指从事农业生产、农村生活数字化技术应用、推广和服务活动的人员。

其主要工作任务包括：收集农业生产案例，分析数字化需求，提供农业数字化解决方案的素材和数据；组织实施农业数字化解决方案，为用户提供现场指导和技术培训；编写农业数字化生产或服务的技术资料，推广农业数字化生产和服务；讲解、示范数字化农业生产机具、设施及软件的操作、维护、保养方法；指导农业生产经营的数字化，为生产安排、产品销售、质量控制等问题解决的数字化提供咨询；指导农业生产规范的数字化，为农产品品质安全、农业生态环境安全、农业职业安全等问题解决的数字化提供咨询；指导数字乡村建设，为有关部门采集数据提供组织指导服务。

拓展技能

1 妙用【F4】键

2 数据验证

等考操练

1 打开素材中的EXCEL1.xlsx文件，按照下列要求完成此电子表格并保存

（1）选取Sheet1工作表，将A1：G1单元格合并为一个单元格，文字居中对齐；利用VLOOKUP函数（用精确匹配，false），依据本工作簿中"产品单价对照表"中信息填写Sheet1工作表中"类别"列和"单价（元）"列的内容；计算"销售额（万元）"列（F3：F102单元格区域）的内容（单位转换为万元，数值型，保留小数点后2位）；利用RANK.EQ函数（降序）计算"销售额排名"

全面推进乡村振兴、加快建设农业强国，是党中央着眼全面建成社会主义现代化强国作出的战略部署。强国必先强农，农强方能国强。
——2022年12月2—24日，习近平在中央农村工作会议上的讲话

拓展资料
乡村振兴战略
2017年10月18日，习近平总书记在党的十九大报告中指出，实施乡村振兴战略。农业农村农民问题是关系国计民生的根本性问题，必须始终把解决好"三农"问题作为全党工作重中之重。要坚持农业农村优先发展，按照产业兴旺、生态宜居、乡风文明、治理有效、生活富裕的总要求，建立健全城乡融合发展体制机制和政策体系，加快推进农业农村现代化。

妙用【F4】键

数据验证

拓展资料

《数字乡村发展行动计划（2022—2025年）》

2022年1月，中央网信办、农业农村部、国家发展改革委、工业和信息化部、科技部、住房和城乡建设部、商务部、市场监管总局、广电总局、国家乡村振兴局印发《数字乡村发展行动计划（2022—2025年）》（以下简称"行动计划"）。行动计划部署了数字基础设施升级行动、智慧农业创新发展行动、新业态新模式发展行动、数字治理能力提升行动、乡村网络文化振兴行动、智慧绿色乡村打造行动、公共服务效能提升行动、网络帮扶拓展深化行动等8个方面的重点行动。

议一议

请结合自己的专业，思考并讨论如何利用专业知识助力乡村振兴。

列内容。利用 SUMIF 函数计算每个型号产品总销售额，置于 J7：J26 单元格区域（数值型，保留2位小数），计算各类别产品销售额占总销售额的比例，置于 K7：K26 单元格区域（百分比型，保留2位小数）。利用条件格式图标集修饰"销售额排名"列（G3：GC102 单元格区域），将排名值小于30的用绿色向上箭头修饰，排名值大于或等于70的用红色圆修饰，其余用灰色侧箭头修饰。

（2）选取"产品型号"列（I6：I26）、"销售额（万元）"列（J6：J26）以及"所占百分比"列（K6：K26）数据区域的内容，建立"簇状柱形图"（用"推荐的图表"中的第一个），图表标题为"产品销售统计图"，用"样式3"修饰图表，设置"销售额"数据系列格式为纯色填充"橄榄色，个性色3，深色25%"，设置横坐标轴对齐方式为"竖排文本"、所有文字旋转270°；将主要纵坐标轴和次要纵坐标轴的数字均设置为小数位数为0的格式；将图插入到当前工作表 I29：P45 的单元格区域，将工作表命名为"产品销售统计表"。

（3）选取"产品销售情况表"内数据清单的内容，按主要关键字"季度"的升序和次要关键字"产品名称"的降序进行排序，完成按产品名称、销售额总和的分类汇总，汇总结果显示在数据下方，工作表名不变，保存 EXCEL1.xlsx 文件。

② 打开素材中的 EXCEL2.xlsx 文件，按照下列要求完成此电子表格并保存

（1）打开 EXCEL2.xlsx 文件，将 Sheet1 工作表的 A1：F1 单元格合并为一个单元格，内容水平居中；计算"总积分"列的内容（金牌获10分，银牌获7分，铜牌获3分），按递减次序计算各队的积分排名（利用 RANK 函数）；按主要关键字"金牌"降序次序、次要关键字"银牌"降序次序、第三关键字"铜牌"降序次序进行排序；将工作表命名为"成绩统计表"，保存 EXCEL2.xlsx 文件。

（2）选取"成绩统计表"的 A2：D10 数据区域，建立"簇状柱形图"，系列产生在"列"，图表标题为"成绩统计图"，设置图表数据系列格式，"金牌"图案内部为金色（RGB值为：红色255；绿色204；蓝色0），"银牌"图案内部为淡蓝（RGB值为：红色153；绿色204；蓝色255），"铜牌"图案内部为深绿色（RGB值为：红色0；绿色128；蓝色0），图例置底部，将图插入到 A12：G26 单元格区域内，保存 EXCEL2.xlsx 文件。

项目五　毕业论文的编辑与排版

思维导图

毕业论文的编辑与排版

- 知识探究
  - 单元格命名
  - 文档保护方法
  - 艺术字
  - 表格对齐方式
  - 单元格对齐方式
  - 橡皮擦工具
  - 公式及其设置
  - 页眉和页脚
  - 脚注和尾注

- 操作技能
  - Word文档的基本操作：新建、保存、关闭
  - 设置文档属性
  - 加密文档
  - 协同编辑文档
  - 查找和替换文字
  - 文本的基本操作：切换输入法、输入日期及特殊符号、复制、粘贴、剪切、换行、选择文字与段落、撤销与恢复
  - 文字格式设置：字体、字号、颜色、字符间距、上标、对齐方式
  - 添加新字体
  - 段落格式设置：首行缩进、行间距、行距
  - 添加并设置项目符号和编号
  - 插入自选图形、设置自选图形格式、组合图形
  - 插入图片并设置图片格式
  - 插入艺术字并设置艺术字样式
  - 表格的基本操作：选中表格、选中行、选中列、插入和删除行、插入和删除列、合并和拆分单元格
  - 插入表格并设置表格属性
  - 文本转换成表格
  - 使用公式计算
  - 插入并设置页眉和页脚
  - 插入脚注和尾注
  - 创建和应用样式
  - 自动生成目录
  - 页面设置和文档打印

- 思政园地
  - 引用和抄袭
  - 《中华人民共和国著作权法》
  - 民法典中的"知识产权"
  - 《知识产权强国建设纲要（2021—2035年）》
  - 世界知识产权日

- 实战演练
  - 制作软件使用说明书

- 职业认知
  - 电子数据取证分析师

📷 项目描述

经过大半年的紧张忙碌，以及老师的悉心指导，王璐璐同学终于完成了《犬细小病毒病的诊断与治疗》毕业论文的撰写，接下来她需要对论文进行编辑、排版和打印，使论文的格式符合学校的毕业论文格式规范。

📷 项目分析

对文字的编辑和排版可以通过文字处理软件来完成。Word 2016除了具有最基本的创建文档、设置字体段落格式、插入图片表格等功能外，还具有强大的文字排版功能，特别是对于一些长文档（比如毕业论文等），Word 2016可为其设置高级版式，使文档看起来更规范和美观。王璐璐同学可以通过Word编辑和排版毕业论文。

📷 项目实施

任务1 新建毕业论文文档

1 任务要求

（1）新建文件名为"犬细小病毒病的诊断与治疗-论文"的文档，保存于E盘根目录下。

（2）在新建的文档中输入论文具体内容并以原文件名保存。

（3）修改文档属性，将"标题"设为"犬细小病毒病的诊断与治疗"，"主题"设为"毕业论文"，"作者"设为"王璐璐"，"单位"设为"江苏农牧科技职业学院"。

（4）将文档加密，密码为"jsahvc"。

（5）将文档设为共享文档，邀请张老师（yqzhang@jsahvc.edu.cn）协同编辑。

2 实施步骤

（1）新建空白文档

①单击"桌面"左下角的"开始"按钮，在打开的列表中选择"所有程序"—"Word 2016"命令，启动Word 2016软件（图5-1）。

②打开Word 2016的初始界面，单击左侧的"新建"命令，选择右侧的"空白文档"按钮（图5-2），成功创建一个名称为"文档1"的空白文档。

图 5-1 启动 Word 2016

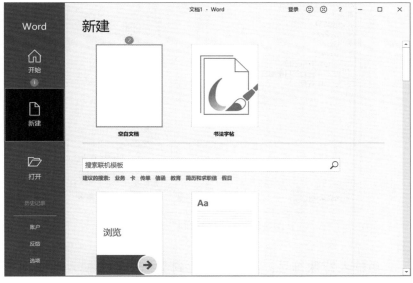

图 5-2 Word 2016 的初始界面

（2）输入论文内容

①切换输入法：单击任务栏上的"键盘"图标，即可将输入法切换成中文，再次单击可切换成英文。或者按【Shift】键即可在中英文输入法之间切换（图 5-3）。

图 5-3 切换输入法

小贴士
新建 Word 文档的其他方法
在目标位置单击鼠标右键，在打开的快捷菜单中选择"新建"—"Microsoft Word 文档"命令。执行该命令后即可创建一个 Word 文档，用户可以直接重新命名该新建文档。

小贴士
使用模板新建文档
单击"文件"选项卡，在打开的菜单中选择"新建"命令，双击需要的模板或在"搜索联机模板"搜索框中输入需要的模板类型。

新建空白文档

输入论文内容

②输入日期：把光标定位到要输入日期的文档处，单击"插入"选项卡—"文本"组中的"日期和时间"按钮（图5-4）。在打开的"日期和时间"对话框中，设置"语言"为"中文"，并在"可用格式"列表框中选择需要的日期格式，单击"确定"按钮（图5-5），即可将日期插入文档中。

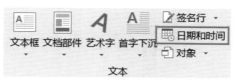

图5-4 "日期和时间"按钮

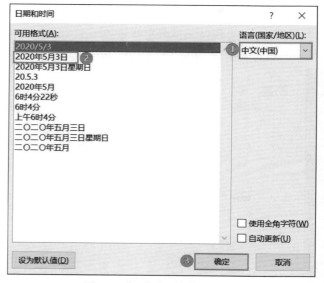

图5-5 "日期和时间"对话框

③输入特殊符号：把光标定位到文档中需要输入特殊符号的位置，单击"插入"选项卡—"符号"组中的"符号"按钮（图5-6）。在打开的选项列表中选择最下方的"其他符号"，打开"符号"对话框中，选择"符号"选项卡，设置"字体"为"Webdings"，选择符号列表中的"🐦"符号，单击"插入"按钮（图5-7）。

图5-6 "符号"按钮

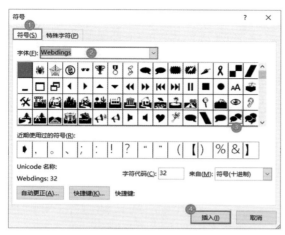

图5-7 "符号"对话框

④内容换行：在输入文字的过程中，当文字到达一行的最右端时，输入的文字将自动转到下一行。一段文字输入完成后，可通过按键盘上【Enter】键来手动换行，产生一个新的段落，同时产生一个段落标记"↵"，此时按【Enter】键的操作可以称为硬回车。

⑤"撤销"与"恢复"命令：如果操作失误，想回到之前的操作状态，可以单击左上角"快速访问工具栏"中的"撤销"按钮。如果要撤销多个步骤，可反复按"撤销"按钮；若要恢复已撤销的内容，可以单击"快速访问工具栏"中的"恢复"按钮（图5-8）。

撤销　恢复

图5-8 "撤销"与"恢复"命令

（3）保存和关闭文档

①文字录入完成后，单击"文件"选项卡，在左侧的列表中单击"保存"命令。由于文档是第一次保存操作，系统会自动转到"另存为"命令。单击"浏览"命令，打开"另存为"对话框，选择文件保存的位置为"E盘"，在"文件名"文本框中输入要保存的文档名"犬细小病毒病的诊断与治疗-论文"，单击"保存"按钮（图5-9）。

②关闭文档：单击"文件"选项卡—"关闭"命令（图5-10）。

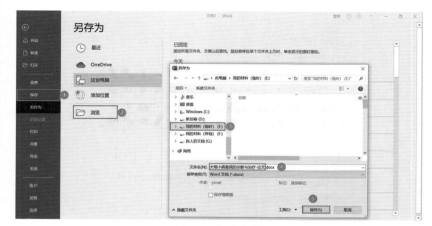

图 5-9　保存文档

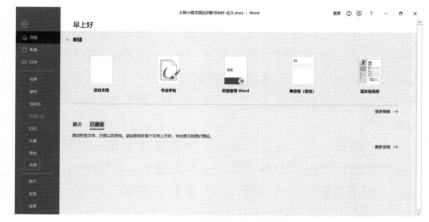

图 5-10　"关闭"功能界面

（4）修改文档属性

单击"文件"选项卡，单击右侧的"属性"—"高级属性"，打开"属性"对话框。单击"摘要"选项卡，在"标题"后的文本框中输入"犬细小病毒病的诊断与治疗"，在"主题"后的文本框中输入"毕业论文"，在"作者"后的文本框中输入"王璐璐"，在"单位"后的文本框中输入"江苏农牧科技职业学院"，单击"确定"按钮（图 5-11）。

（5）加密文档

单击"文件"选项卡—"信息"命令，单击"保护文档"按钮，在下拉列表中选择"用密码进行加密"命令，打开"加密文档"对话框。输入密码（如：jsahvc），单击"确定"按钮。在"确认密码"对话框中再次输入密码，单击"确定"按钮（图 5-12）。

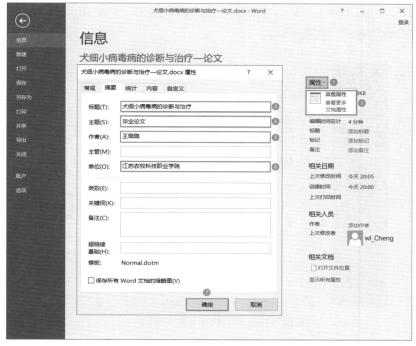

图5-11　修改文档属性

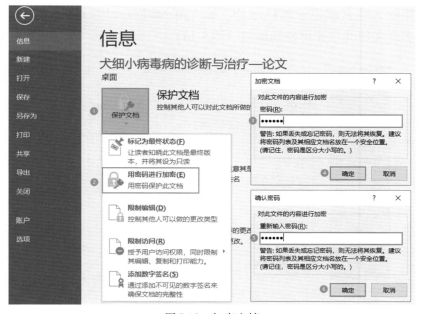

图5-12　加密文档

（6）协同编辑文档

① 单击"文件"选项卡，单击"另存为"命令，选

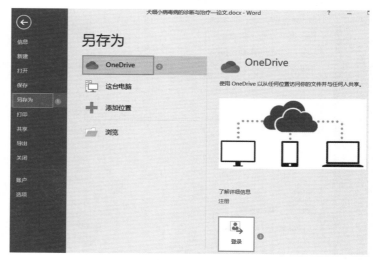

图5-13 将文档保存到OneDrive

②在功能区上选择"共享"共享,或者单击"文件"选项卡—"共享"命令。从下拉列表中选择要共享的人员,或者直接输入姓名或电子邮件地址(如:yqzhang@jsahvc.edu.cn),可实现文档共享并可协同编辑(图5-14)。

图5-14 共享文档

3 任务小结

(1)新建Word文档。
①桌面"开始"按钮—"Word"—"新建"命令。

任务1 随堂测验

②在已打开的Word界面中按【Ctrl+N】组合键。

③在目标位置，单击鼠标右键，在打开的快捷菜单中选择"新建"—"Microsoft Word文档"命令。

（2）保存文档。

①"文件"选项卡—"保存"/"另存为"命令。

②单击"快速访问工具栏"—"保存"按钮。

③【Ctrl+S】组合键。

（3）关闭文档。

①"文件"选项卡—"关闭"命令。

②在已打开的Word界面中使用【Alt+F4】组合键实现快速关闭窗口。

③单击Word界面右上角的"关闭"按钮。

（4）输入文字和字符：切换输入法、输入日期、输入特殊符号、文字换行、撤销和恢复。

（5）修改文档属性："文件"选项卡—"属性"组—"高级属性"—"摘要"选项卡。

（6）加密文档："文件"选项卡—"属性"组—"保护文档"—"用密码进行加密"命令。

（7）协同编辑文档。

①使用"OneDrive"协同编辑文档："文件"选项卡—"另存为"命令—"OneDrive"—"文件""与人共享"命令。

②使用腾讯QQ在线编辑文档：登录QQ—新建在线文档—分享文档并设置编辑权限。

任务2 设置文字和段落

1 任务要求

（1）参照"样文"设置毕业论文封面格式。

（2）设置毕业论文格式：论文标题居中，字体为"三号宋体加粗"，字符间距加宽1磅，段前段后间距各1行；"摘要"二字"加粗小四号宋体"，并用加粗方括号，"关键词"三字编辑格式同"摘要"；英文标题为"三号Times New Roman"，"Abstract"与"Keywords"为"小四号Times New Roman"；中英文摘要、关键词段前段后均为0.5行，行距为固定值20磅；一级标题为"四号宋体加粗，段前段后各15磅，居中对齐"；二级标题为"小四号宋体加粗，段前段后各13磅"；正文、结论、致谢等字体为"小四号宋体，1.5倍行距，首行缩进2字符，两端对齐"；注释、参考文献等字体为"五号宋体，1.5倍行距"；图、表中文字为"五号宋体"。调整全文文字的字体、字号、颜色，设置全文的段落行距等参数，并以原文件名保存。

（3）按照"样文"，对相应段落添加项目符号和编号。

2 实施步骤

（1）选择文字和段落

①使用鼠标选择文字。选择文字最常用的方法就是拖拽鼠标，采用这种方法可以选中任意文字或段落。按住鼠标左键并拖拽，这时选中的文本就会以灰色底纹的形式显示（图5-15）。单击文档的空白区域，即可取消文本的选择。

选择文字和段落

> 1.1 犬细小病毒病的特性
> 该病病原体为 CPV，属细小病毒科细小病毒属，是哺乳动物中最小、结构最简单的一类单链线状 DNA 病毒。病毒粒子直径 20nm，无囊膜，二十面体立体对称，呈圆形或六边形，其基因组大小约 5KB，CPV 基因组有两个主要的开放阅读框架，3'端编码结构蛋白，5'端编码非结构蛋白[1]。

图5-15　选择文字

②用组合键选择文字。先将光标移动到待选文字的开始位置，然后根据需要按相应的组合键即可（表5-1）。

表5-1　组合键功能

组合键	功　能
【Shift+←】	选择光标左边的一个字符
【Shift+→】	选择光标右边的一个字符
【Shift+↑】	选择至光标上一行同一位置之间的所有字符
【Shift+↓】	选择至光标下一行同一位置之间的所有字符
【Ctrl+Home】	光标移至文档开始位置
【Ctrl+End】	光标移至文档结束位置
【Ctrl+A】/【Ctrl+5】	选择全部文档
【Ctrl+Shift+↑】	选择至当前段落的开始位置之间的所有字符
【Ctrl+Shift+↓】	选择至当前段落的结束位置之间的所有字符
【Ctrl+Shift+Home】	选择至文档的开始位置之间的所有字符
【Ctrl+Shift+End】	选择至文档的结束位置之间的所有字符

小贴士

选择文本和段落

● 用鼠标在起始位置单击，然后按住【Shift】键的同时在文本的结束位置单击，此时起始位置和结束位置之间的文本全被选中。

● 按住【Ctrl】键的同时拖拽鼠标，可以选中多个不连续的文本。

● 鼠标在段落左侧空白处单击，可选中一行。

● 鼠标在段落左侧空白处双击，可选中一个段落。

提示

Office系列软件的操作，一般都是先选择对象，再设置对象的属性。

（2）复制与移动文本

①在打开的文档中，选择需要复制的文本，单击"开始"选项卡—"剪贴板"组中的"复制"按钮。将光标定位到要粘贴的位置，单击"开始"选项卡—"剪贴板"组—"粘贴"按钮的下拉按钮，在打开的下拉列表中选择"保留源格式"命令（图5-16）。

图5-16　复制文本

②在打开的文档中，选择需要移动的文本，单击"开始"选项卡—"剪贴板"组中的"剪切"按钮（图5-17）。将光标定位到目标位置后，单击"开始"选项卡—"剪贴板"组中的"粘贴"按钮的下拉按钮，在打开的下拉列表中选择"保留源格式"，即可完成文本的移动操作。

图5-17　剪切文本

（3）文本替换

在打开的文档中，单击"开始"选项卡—"编辑"组中的"替换"按钮。打开"查找和替换"对话框，单击"替换"选项卡，在"查找内容"后的文本框中输入"已"，在"替换为"后的文本框中输入"已"。单击"全部替换"按钮（图5-18）。

小贴士

为替换内容添加格式

单击"查找和替换"对话框下方的"更多"按钮，通过设置替换"格式"和"特殊格式"，为替换内容添加格式，如字体颜色、底纹等。

设置字体格式

图5-18　文本替换

（4）设置字体格式

①在打开的文档中，选中要设置的文字，如论文标题"犬细小病毒病的诊断与治疗"。单击"开始"选项卡—"字体"组右下角的"字体"按钮（图5-19）。

②在打开的"字体"对话框中，单击"字体"选项卡—"中文字体"后的下拉列表按钮，在打开的下拉列表中选择"宋体"选项，在"字形"下拉列表中选择"加粗"选项，在"字号"下拉列表中选择"三号"选项，在"字体颜色"下拉列表中选择"黑色"选项，单击"确定"按钮（图5-19）。

图5-19　设置字体字号

③在"字体"对话框中，单击"高级"选项卡—"间距"后的下拉列表按钮，在打开的下拉列表中选择"加宽"选

项，在"磅值"后的文本框中输入"1磅"，单击"确定"按钮（图5-20）。

图5-20　字符间距加宽

④使用同样的方法，设置一级标题为"四号宋体加粗"，二级标题为"小四号宋体加粗"，正文、结论、致谢等字体为"小四号宋体"，注释、参考文献等字体为"五号宋体"，正文内容为"小四号宋体"，"摘要"二字"加粗小四号宋体"，并用加粗方括号；英文标题为"三号Times New Roman"，"Abstract"与"Keywords"为"小四号Times New Roman"，图、表中文字为"五号宋体"。

📁 小贴士
添加新的字体
如要添加新字体，可从网络下载的免费授权字体或从正规渠道购买的字体文件复制到C:\Windows\Fonts文件夹下，再重新启动Word，即可在"字体"下拉列表中找到新字体。

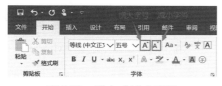

图5-21　增大或减小字号

⑤选中参考文献标记，单击"开始"选项卡—"字体"组中的"字体"按钮，在打开的"字体"对话框中，勾选字体效果中的"上标"，单击"确定"按钮（图5-22）。设置上标后的效果如图5-23所示。

⑥使用相同的方法，将正文中所有参考文献标记设置为上标。

📁 小贴士
增大或减小字号
单击"开始"选项卡—"字体"组中的"增大字号"按钮或"减小字号"按钮（图5-21），即可将字号放大或缩小。字号最大可到"1638"，最小可到"1"。

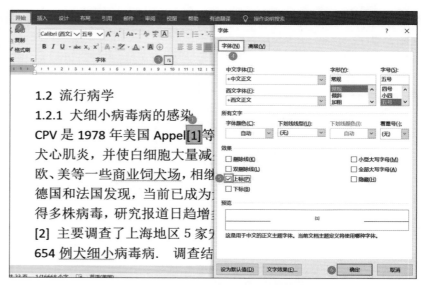

图 5-22 设置上标

Appel[1]

图 5-23 设置上标后的效果

小贴士

常用对齐方式

Word 2016中提供了5种常用的对齐方式，分别为左对齐、右对齐、居中对齐、两端对齐和分散对齐。

设置对齐方式

设置缩进和间距

（5）设置对齐方式

①选择论文标题文本"犬细小病毒病的诊断与治疗"，单击"开始"选项卡—"段落"组中的"居中对齐"按钮设置标题居中对齐（图5-24）。

犬细小病毒病的诊断与治疗

图 5-24 设置标题居中对齐

②使用相同的方法，设置摘要、正文、结论、致谢、参考文献等两端对齐。

（6）设置缩进和间距

①选中要设置缩进的文本，单击"开始"选项卡—"段落"组右下角的"段落设置"按钮。在打开的"段落"对话框中，选择"缩进和间距"选项卡，单击"特殊"下方文本框右侧的下拉按钮，在打开的列表中选择"首行"选项，在"缩进值"文本框中输入"2字符"，单击"确定"按钮（图5-25）。

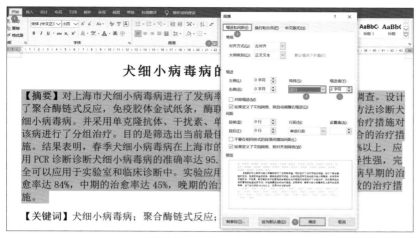

图 5-25　设置首行缩进

图 5-26　增加和减小缩进量

②选中论文摘要，单击鼠标右键，在打开的快捷菜单中选择"段落"命令（图 5-27）。

图 5-27　右键打开快捷菜单

③在打开的"段落"对话框中，选择"缩进和间距"选项卡，在"间距"组中分别设置"段前"和"段后"间距为"0.5"行，在"行距"下拉列表中选择"固定值"选项，在"设置值"中输入"20磅"，单击"确定"按钮（图 5-28）。

④使用相同的方法，设置论文标题段前段后间距各1行；中英文摘要、关键词段前段后均为0.5行，行距为固定值20磅；一级标题段前段后各15磅，居中对齐；二级标题段前段后各13磅；正文、结论、致谢等均为1.5倍行距，首行缩进2字符；注释、参考文献等1.5倍行距。

小贴士

设置缩进

段落缩进是指段落到左右页边距的距离。按照中文的书写习惯，正文中的每个段落都会首行缩进2个字符。缩进和间距是以段落为单位进行设置的。

小贴士

快速调整缩进

单击"开始"选项卡—"段落"组中的"减小缩进量"按钮和"增加缩进量"按钮可以快速调整缩进（图5-26）。

知识探究

段落间距及行距

段落间距是指文档中段落与段落之间的距离，行距是指行与行之间的距离。

图 5-28　设置段落间距和行距

（7）设置项目符号和编号

设置项目符号和编号

①打开论文文档，选中要添加项目符号的文本段落。单击"开始"选项卡—"段落"组中的"项目符号"按钮右侧的下拉按钮，在打开的下拉列表中选择项目符号的样式（图5-29），添加项目符号后的效果如图5-30所示。

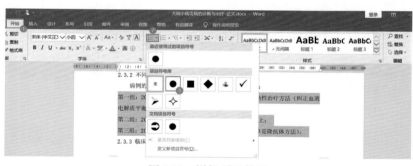

图 5-29　添加项目符号

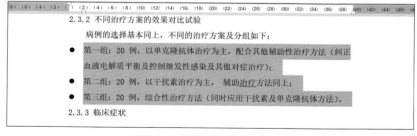

图 5-30　添加项目符号后效果

还可以根据需要自定义项目符号，可以在"项目符号"下拉列表中选择"定义新项目符号"选项，打开"定义新项目符号"对话框，单击"符号"按钮。打开"符号"对话框，选择新的项目符号，单击"确定"按钮。返回至"定义新项目符号"对话框，再次单击"确定"按钮（图5-31），添加自定义项目符号后的效果如图5-32所示。

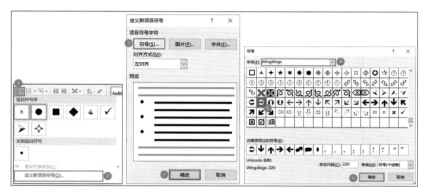

图5-31　定义新项目符号

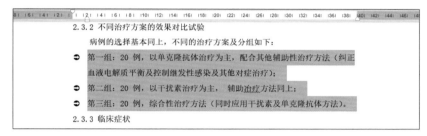

图5-32　自定义项目符号后效果

图5-33　调整自定义项目符号格式

💬 小贴士

自定义项目符号格式

默认情况下，添加的项目符号都是黑色的。在"定义新项目符号"对话框中单击"字体"按钮（图5-33），即可在打开的对话框中设置符号的字形、字号、颜色等。

②选中要添加项目编号的文本内容，单击"开始"选项卡—"段落"组中"编号"按钮右侧的下拉按钮，在打开的下拉列表中选择编号的样式（图5-34），添加编号后的效果如图5-35所示。

③使用同样的方法，参照样文，为其他需要添加编号的段落添加项目符号和编号。

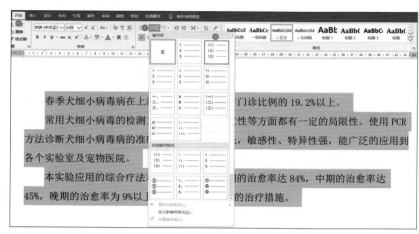

图5-34 "编号"下拉列表

5 结论

（1） 春季犬细小病毒病在上海市的发病率高，占门诊比例的 19.2%以上。

（2） 常用犬细小病毒的检侧方法在敏感性、稳定性等都有一定的局限性。PCR 方法诊断犬细小病毒病的准确率高，而且成本低，敏感性，特异性强，能广泛的应用到各个实验室及宠物医院。

（3） 本实验应用的综合疗法对犬细小病毒病早期的治愈率达 84%，中期的治愈率达 45%，晚期的治愈率为 9%以上，是一种行之有效的治疗措施。

图5-35 添加编号后的效果

③ 任务小结

（1）选择文字与段落：鼠标选择、组合快捷键选择。

（2）复制与移动文本：复制、剪切、粘贴。

（3）设置文本格式：字体、颜色、字号、字符间距、上标。

（4）设置对齐方式：左对齐、右对齐、居中对齐、两端对齐和分散对齐。

（5）设置段落格式：首行缩进、行间距、行距。

（6）添加项目符号和编号：添加项目符号、添加项目编号、自定义项目符号。

任务2 随堂测验

任务3 绘制实验流程图

1 任务要求

（1）绘制4个"椭圆"形状，设置其形状样式为"中等效果-绿色，强调颜色6"，无轮廓，形状效果为"棱台-圆形"；绘制5个"流程图：过程"，设置其形状样式为"中等效果-金色，强调颜色4"，形状效果为"棱台-凸圆形"；绘制1个"流程图：终止"，设置其形状样式为"中等效果-橙色，强调颜色2"，形状效果为"棱台-圆形"。

（2）绘制右大括号和箭头，设置其形状样式为"轮廓：黑色，1.5磅"，箭头样式2。

（3）为形状添加文字，并组合图形。最终效果如图5-36所示。

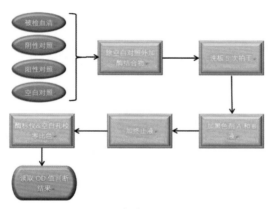

图5-36　实验流程图样图

2 实施步骤

（1）绘制流程图

①单击"插入"选项卡—"插图"组中的"形状"按钮，在打开的"形状"下拉列表中，选择"椭圆"形状（图5-37）。

②在文档中选择要绘制形状的起始位置，按住鼠标左键并拖动鼠标至合适位置，松开鼠标，即完成椭圆形状绘制（图5-38）。选择绘制好的"椭圆"形状，按【Ctrl+C】组合键复制，然后按3次【Ctrl+V】组合键，完成图形的粘贴。

③单击"插入"选项卡—"插图"组中的"形状"按钮，

绘制流程图

在打开的"形状"下拉列表中，选择"流程图"组中的"流程图：过程"形状（图5-39）。按住鼠标左键并拖动鼠标，绘制形状（图5-40）。

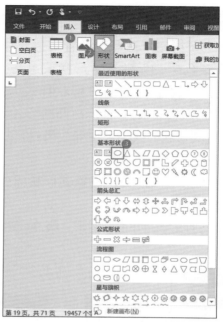

图5-37　插入椭圆形状

图5-38　绘制椭圆形状效果

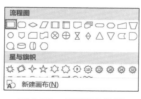

图5-39　流程图菜单

图5-40　"流程图：过程"绘制效果

④选择绘制的"流程图：过程"形状，按【Ctrl+C】组合键复制，然后按4次【Ctrl+V】组合键，完成图形的粘贴。

⑤单击"插入"选项卡—"插图"组中的"形状"按钮，在打开的"形状"下拉列表中，选择"流程图"组中的"流程图：终止"形状。按住鼠标左键并拖动鼠标，绘制形状（图5-41）。

⑥依次选择绘制的图形，拖动鼠标调整其位置，使其合理地分布在文档中（图5-42）。

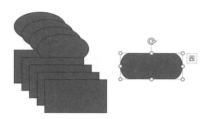

图 5-41　"流程图：终止"绘制效果

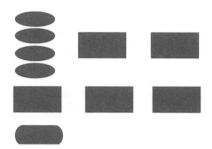

图 5-42　流程图形状样图

（2）美化流程图

①选择椭圆形状，单击"绘图工具"—"格式"选项卡—"形状样式"组中的"其他"按钮，在打开的下拉列表中选择"中等效果-绿色，强调颜色6"样式（图5-43）。

美化流程图

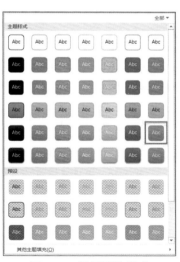

图 5-43　设置形状样式

②选择椭圆形状，单击"绘图工具"—"格式"选项卡—"形状样式"组中的"形状轮廓"按钮，在打开的下拉列表中选择"无轮廓"选项（图5-44）。

③选择椭圆形状，单击"绘图工具"—"格式"选项卡—"形状样式"组中的"形状效果"按钮，在打开的下拉列表中选择"棱台"—"圆形"选项（图5-45）。

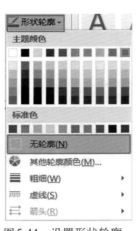

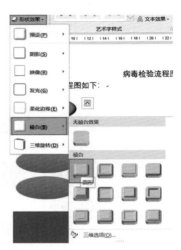

图5-44　设置形状轮廓　　　　图5-45　设置形状

④使用同样的方法，设置"流程图：过程"形状样式为"中等效果-金色，强调颜色4"，形状效果为"棱台-凸圆形"，设置"流程图：终止"形状样式为"中等效果-橙色，强调颜色2"，形状效果为"棱台-圆形"（图5-46）。

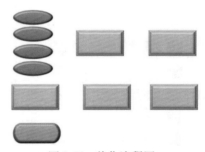

图5-46　美化流程图

（3）链接流程图形

①单击"插入"选项卡—"插图"组中的"形状"按钮，在打开的"形状"下拉列表中，选择"直线箭头"形状。单击鼠标左键并拖动鼠标，在文档中绘制箭头（图5-47）。

链接流程图形

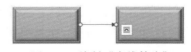

图5-47　绘制"直线箭头"

②选择绘制的形状，单击"绘图工具"—"格式"选项卡—"形状样式"组中的"形状轮廓"按钮，在打开的下拉列表中选择"黑色文字1"选项，将线条颜色设置为黑色（图5-48）。

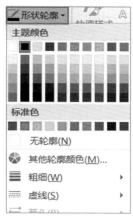

图5-48　设置箭头形状轮廓

③打开"形状轮廓"下拉列表，设置箭头的"粗细"为"1.5磅"，并更改"箭头"为"箭头样式2"（图5-49）。

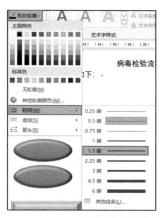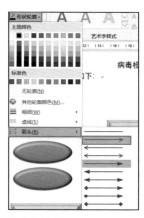

图5-49　更改箭头样式和粗细

④选择并复制流程线，粘贴5次。通过"绘图工具"—"格式刷"选项卡—"排列"组中的"旋转"按钮调整箭头方向，并将各流程线移至合适的位置。单击各流程线，拖动其端点调整其长短（图5-50）。

⑤单击"插入"选项卡—"插图"组中的"形状"按钮，在打开的"形状"下拉列表中，选择"右大括号"形状。单击鼠标左键并拖动鼠标绘制大括号，再绘制一个直线箭头形状。

利用格式刷工具，使大括号和直线箭头与前面的直线箭头格式相同。

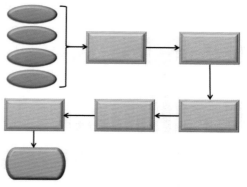

图5-50　加箭头后的效果

⑥选择第一个椭圆形状，右击鼠标，在打开的快捷菜单中选择"添加文字"命令（图5-51），输入文字"被检血清"。

图5-51　右击"添加文字"

⑦使用同样的方法为其他形状添加文字（图5-52）。

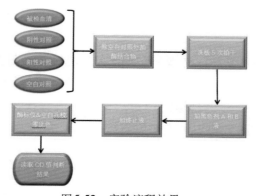

图5-52　实验流程效果

（4）组合图形

按住【Shift】键，依次选中所有箭头和形状。松开【Shift】键，在选择的内容上右击鼠标，在打开的快捷菜单中选择"组合"命令（图5-53）。

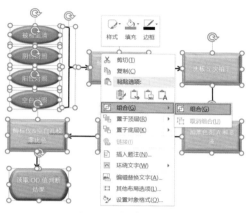

图5-53　组合形状

组合图形

任务3　随堂测验

3　任务小结

（1）绘制流程图。

①"插入"选择卡—"插图"组—"形状"按钮—选择合适的形状。

②设置形状样式、大小和排列等。

（2）美化流程图：选中形状—"绘图工具"—"格式"选项卡—"形状样式"命令。

（3）链接流程图形：插入箭头并输入文字。

（4）组合图形。

任务4　插入图片和艺术字

1　任务要求

（1）在论文中插入图片"犬细小病毒立体模式图"，并设置图片为"嵌入型，文字四周环绕"，调整图片"锐化：+25%；亮度：+20%；对比度：+20%；饱和度：200%；色温：6500K"，设置图片"无边框，阴影透视"效果。

（2）插入文本为"犬细小病毒立体模式图"的艺术字，设置艺术字样式"填充：白色；轮廓：蓝色；主题色5；阴影；宋体二号"，设置艺术字轮廓"标准色：蓝色；轮廓粗细0.75磅"。

（3）将艺术字移至图片下方合适位置。

2 实施步骤

（1）插入图片

①打开论文，将鼠标光标定位于需要插入图片的位置，单击"插入"选项卡—"插图"组中的"图片"按钮（图5-54）。

图5-54 插入图片

②在打开的"插入图片"对话框中选择需要插入的图片"犬细小病毒立体模式图"，单击"插入"按钮（图5-55）。

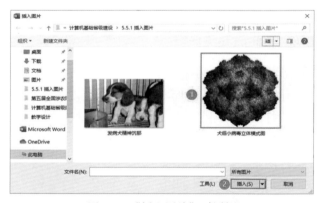

图5-55 "插入图片"对话框

（2）调整图片的大小与位置

①选择要插入的图片，单击"布局选项"按钮，在打开的"布局选项"列表中选择"嵌入型；文字环绕：四周型"（图5-56）。

②选择图片，将鼠标光标放置在图片上方，当光标变为十字箭头形状时，按住鼠标左键并拖拽，即可调整图片的位置。

③选择图片，将鼠标光标放在图片右下角的控制点上，当

插入图片

光标变为对角箭头形状时，按住鼠标左键并拖拽，即可调整图片的大小。

调整图片的大小与位置

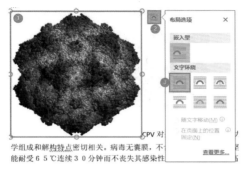

图5-56　"布局选项"列表

（3）美化图片

①选择图片，单击"图片工具"—"格式"选项卡—"调整"组中的"校正"按钮，在打开的下拉列表中选择"锐化/柔化"—"锐化：+25％；亮度/对比度—亮度：+20％；对比度：+20％"（图5-57）。

美化图片

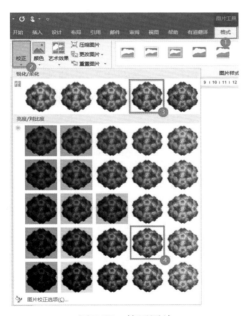

图5-57　校正图片

②选择图片，单击"图片工具"—"格式"选项卡—"调整"组中的"颜色"按钮，在打开的下拉列表中选择"颜色/饱和度—饱和度：200％；色调—色温：6500K"（图5-58）。

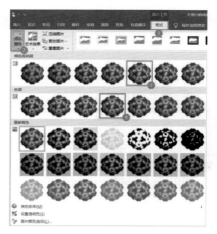

图5-58　调整颜色

③单击"图片工具"—"格式"选项卡—"图片样式"组中的"图片边框"按钮，在打开的下拉列表中选择"无轮廓"选项（图5-59）。

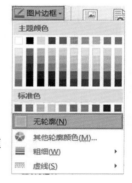

图5-59　设置图片边框

④单击"图片工具"—"格式"选项卡—"图片样式"组中的"图片效果"按钮，在打开的下拉列表中选择"阴影—透视：左下"效果（图5-60）。

图5-60　设置图片效果

（4）使用艺术字美化论文

①单击"插入"选项卡—"文本"组中的"艺术字"按钮，在打开的下拉列表中选择"填充：白色；轮廓：蓝色；主题色5；阴影"艺术字样式（图5-61）。文档中便插入了该艺术字样式的文本框"请在此放置您的文字"。

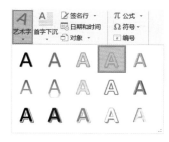

图5-61　插入艺术字

使用艺术字美化论文

②将艺术字文本框中的"请在此放置您的文字"改为"犬细小病毒立体模式图"，并在"开始"选项卡—"字体"组中，设置文字为"宋体，二号"（图5-62）。

图5-62　修改艺术字文本

③选择艺术字，单击"绘图工具"—"格式"选项卡—"艺术字样式"组中的"文本轮廓"按钮，设置轮廓颜色为"标准色：蓝色"，轮廓粗细0.75磅（图5-63）。

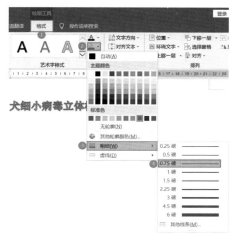

图5-63　设置艺术字样式

④将鼠标悬浮于艺术字文本框上，当鼠标光标变为十字箭头形状时，按住鼠标左键并拖拽，将艺术字移动到图片下方合适位置。

3 任务小结

（1）插入图片："插入"选项卡—"插图"组—"图片"按钮。

（2）美化图片：选中图片—"图片工具"—"格式"选项卡—"调整"/"图片样式"组。

（3）插入艺术字："插入"选项卡—"文本"组—"艺术字"按钮。

（4）美化艺术字：选中艺术字—"绘图工具"—"格式"选项卡—"艺术字样式"组。

任务5 创建与设置论文中的表格

1 任务要求

（1）打开"犬细小病毒病诊断与治疗-论文"文档，插入"表4患犬细小病毒病犬血常规检测结果"，设置表格中文字，中文字体为"宋体"，西文字体为"Times New Roman"，字号为"五号"，水平居中对齐。表格居中对齐，并将表格设置成三线表，上下边框宽度为"1磅"。

（2）绘制"表2 患犬细小病毒病犬各品种发病数"，平均分布各行和各列，设置单元格高度为"0.8厘米"，宽度为"3.5厘米"，其他格式同表4。

（3）使用公式计算表2中的"总计"项；使用公式计算"占全部病犬比例"列内容，并设置编号格式为"0.00%"。

（4）将"表6临床病例治疗效果统计结果"文字内容转换成表格，并套用表格样式"清单表6，彩色"，取消底纹，设置表格居中对齐。

2 实施步骤

（1）插入表格

①打开"犬细小病毒病诊断与治疗-论文"文档，将光标定位到要插入表格的位置，单击"插入"选项卡—"表格"组中

任务4 随堂测验

插入表格

的"表格"按钮，在打开的下拉列表中选择"插入表格"命令。打开"插入表格"对话框，在行数和列数后的文本框中分别输入"7"，单击"确定"按钮（图5-64）。

图5-64　插入表格

②插入一个7行7列的表格（图5-65）。

表 4　　患犬细小病毒病犬血常规检测结果

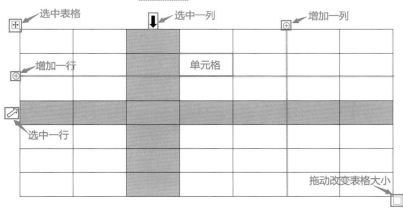

图5-65　表格及其基本操作

（2）合并单元格

①选择待合并单元格区域（A1：A2），单击"表格工具"—"布局"选项卡—"合并"组中的"合并单元格"按钮，即可将选中单元格区域合并（图5-66）。

小贴士
表格的基本操作
表格是由多个行或列的单元格组成，当鼠标变成（图5-65）相应形状时，可以进行插入行／列、改变表格大小等操作；也可以选中一行、一列或整个表格，再右击鼠标，在打开的快捷菜单中对所选对象进行操作和设置（如插入行／列、删除行／列、平均分布行／列、设置属性等）。

小贴士
快速删除行或列
选择需要删除的整行或整列，按【Backspace】键，即可删除选定的行或列。如果未选中整行或整列，按【Backspace】键后，将打开"删除单元格"对话框，需进一步确认要删除的具体内容。

知识探究
单元格命名
Word中单元格的命名方式跟Excel相同，字母表示单元格所在的列，数字表示单元格所在的行。表格中的第一列为列A，第一行为行1。

合并单元格

表 4   患犬细小病毒病犬血常规检测结果

图5-66   合并单元格

②使用同样的方法，合并其他两个单元格区域（图5-67）。

表 4   患犬细小病毒病犬血常规检测结果

图5-67   合并单元格效果

小贴士

拆分单元格

拆分单元格是指将一个单元格拆分成多行多列。选择待拆分单元格，单击"表格工具"—"布局"选项卡—"合并"组中的"拆分单元格"按钮。在打开的"拆分单元格"对话框中，设置要拆分成的列数和行数，单击"确定"按钮（图5-68）。

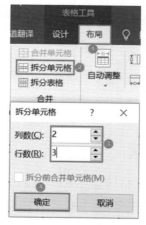

图5-68   拆分单元格

（3）编辑单元格内容及格式

①在表格中输入文字（图5-69）。

动物号	白细胞数	分类（%）				
	$(10^9/L)$	中性	淋巴	单核	嗜酸	嗜碱
1（娃娃）	4.57	68	26	0	1	0
2（欢欢）	6.80	60	17	12	0	0
3（沙沙）	2.65	52	21	4	0	0
4（欢欢）	1.86	61	19	1	0	0
5（略略）	1.62	59	27	7	7	0

表 4　患犬细小病毒病犬血常规检测结果

图5-69　输入文字

②选中表格，单击"开始"菜单—"字体"组中的"字体"按钮，在打开的"字体"对话框中，设置中文字体为"宋体"，西文字体为"Times New Roman"，字号为"五号"，单击"确定"按钮（图5-70）。

图5-70　设置字体字号

③选中表格，单击"表格工具"—"布局"选项卡—"对齐方式"组中的"水平居中"按钮，将单元格内容水平居中对齐（图5-71）。

表 4　患犬细小病毒病犬血常规检测结果

动物号	白细胞数	分类（%）				
	$(10^9/L)$	中性	淋巴	单核	嗜酸	嗜碱
1（娃娃）	4.57	68	26	0	1	0
2（欢欢）	6.80	60	17	12	0	0
3（沙沙）	2.65	52	21	4	0	0
4（欢欢）	1.86	61	19	1	0	0
5（略略）	1.62	59	27	7	7	0

图5-71　设置文字对齐方式

知识探究
表格对齐方式与单元格对齐方式
表格对齐方式是指整个表格在页面上的对齐方式，单元格对齐方式是指单元格中的文字在该单元格中的对齐方式。

编辑单元格内容及格式

（4）设置表格属性

①选中表格，单击"表格工具"—"布局"选项卡—"表"组中的"属性"按钮（图5-72），打开"表格属性"对话框。

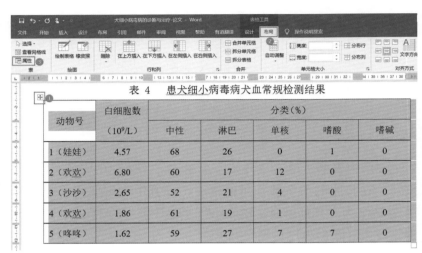

表 4　患犬细小病毒病犬血常规检测结果

动物号	白细胞数（10^9/L）	分类（%）				
		中性	淋巴	单核	嗜酸	嗜碱
1（娃娃）	4.57	68	26	0	1	0
2（欢欢）	6.80	60	17	12	0	0
3（沙沙）	2.65	52	21	4	0	0
4（欢欢）	1.86	61	19	1	0	0
5（咚咚）	1.62	59	27	7	7	0

图5-72　打开"表格属性"对话框

②在打开的"表格属性"对话框中，单击"表格"选项卡，设置表格对齐方式为"居中"；单击"边框和底纹"按钮，打开"边框和底纹"对话框。在打开的"边框和底纹"对话框中单击"边框"选项卡，在右侧的预览视图中，取消上下边框及所有列边框。重新选择边框样式为"细实线"，宽度为"1.0磅"，在右侧的预览视图中，单击上、下边框，单击"确定"按钮（图5-73）。

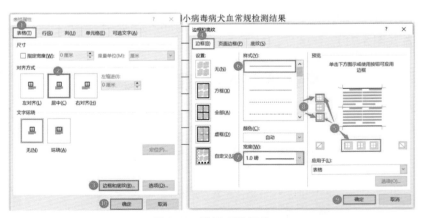

图5-73　设置表格属性

③选中表格最后五行，在"表格工具"—"设计"选项卡—"边框"组中，设置"笔样式"为"无边框"，单击"边框"按钮，在打开的下拉列表中选择"内部横框线"（图5-74）。

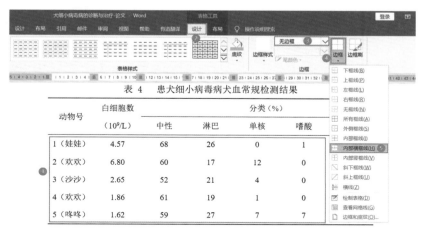

图5-74　取消内部横框线

④设置好的"表4患犬细小病毒病犬血常规检测结果"效果如图5-75所示。

表 4　　患犬细小病毒病犬血常规检测结果

动物号	白细胞数（10^9/L）	分类（%）				
		中性	淋巴	单核	嗜酸	嗜碱
1（娃娃）	4.57	68	26	0	1	0
2（欢欢）	6.80	60	17	12	0	0
3（沙沙）	2.65	52	21	4	0	0
4（欢欢）	1.86	61	19	1	0	0
5（咚咚）	1.62	59	27	7	7	0

图5-75　表4设置效果

（5）绘制表格并设置格式

①将光标定位到"表2 患犬细小病毒病犬各品种发病数"下方，单击"插入"选项卡—"表格"组中的"表格"按钮，在其下拉列表中选择"绘制表格"命令（图5-76）。

图5-76　插入绘制表格

绘制表格并设置格式

②当鼠标指针变为铅笔形状时，在需要绘制表格的位置单击并拖拽鼠标，绘制出表格的外边框，形状为矩形（图5-77）。

③在该矩形中绘制12条行线、2条列线（图5-78）。

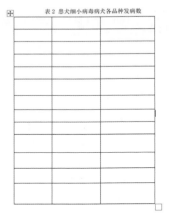

图5-77 绘制表格外边框　　　　图5-78 绘制内框线

④在表格中输入文字，并设置中文字体为"宋体"，西文字体为"Times New Roman"，字号为"五号"，单元格内文字"水平居中"（图5-79）。

品种	发病数/只	占全部病犬比例
博美	109	
可卡	54	
京巴	45	
黑背	27	
苏格兰犬	24	
吉娃娃	24	
西施	21	
八哥	10	
金毛猎犬	10	
沙皮	7	
其他	12	
合计		

表2 患犬细小病毒病犬各品种发病数

图5-79 输入文字并设置格式

⑤选中表格，单击"表格工具"—"布局"选项卡—"单元格大小"组中的"分布行"和"分布列"按钮，平均分布各行和各列。在高度后的文本框中输入"0.8厘米"，在宽度后的文本框中输入"3.5厘米"（图5-80）。

图5-80 调整单元格大小

⑥设置表格居中，并对表格的内外边框线进行设置（图5-81）。

表2 患犬细小病毒病犬各品种发病数

品种	发病数/只	占全部病犬比例
博美	109	
可卡	54	
京巴	45	
黑背	27	
苏格兰犬	24	
吉娃娃	24	
西施	21	
八哥	10	
金毛猎犬	10	
沙皮	7	
其他	12	
合计		

图5-81 设置内外边框线

（6）使用公式计算

①将光标置于B13单元格中，单击"布局"选项卡—"数据"组中的"公式"按钮。打开"公式"对话框，在"公式"后的文本框中输入"=SUM（ABOVE）"，单击"确定"按钮（图5-82）。

知识探究
公式及其设置

在Word 2016中，提供了简单的计算功能。"粘贴函数"列表有常用函数可供选择，也可在"公式"文本框中自行键入公式，函数中使用的位置参数有LEFT（左）、RIGHT（右）、ABOVE（上）、BELOW（下），"偏号格式"列表中可选择数字显示格式。

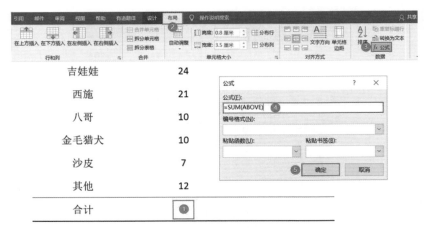

吉娃娃	24
西施	21
八哥	10
金毛猎犬	10
沙皮	7
其他	12
合计	❶

图 5-82　使用公式求和

② 将光标置于 C2 单元格中，单击"布局"选项卡—"数据"组中的"公式"按钮。打开"公式"对话框，在"公式"后的文本框中输入"=B2/B13*100"，在"编号格式"后的下拉列表中选择"0.00%"，单击"确定"按钮（图 5-83）。

表 2　患犬细小病毒犬各品种发病数

品种	发病数/只	占全部病犬比例
博美	109	
可卡	54	
沙皮	7	
其他	12	
合计	343	

图 5-83　计算百分比

③ 使用相同的方法，完善表格中其他内容（图 5-84）。

表 2　患犬细小病毒病犬各品种发病数

品种	发病数/只	占全部病犬比例
博美	109	31.78%
可卡	54	15.74%
京巴	45	13.12%
黑背	27	7.87%
苏格兰犬	24	7.00%
吉娃娃	24	7.00%
西施	21	6.12%
八哥	10	2.92%
金毛猎犬	10	2.92%
沙皮	7	2.04%
其他	12	3.05%
合计	343	

图 5-84　使用公式完善表格

（7）文本转换成表格

①选中"表6临床病例治疗效果统计结果"下方的四行文字。单击"插入"选项卡—"表格"组中的"表格"按钮，在打开的下拉列表中选择"文本转换成表格"命令（图5-85）。

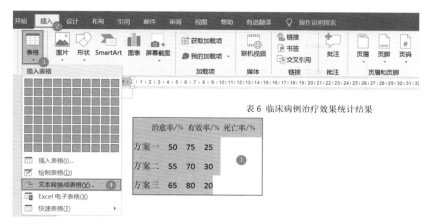

图5-85　文本转换成表格

②在打开的"将文本转换成表格"对话框中，设置"表格尺寸"为4列4行，选择"自动调整"操作下方的"根据内容调整表格"，选择"文字分割位置"为"制表符"，单击"确定"按钮（图5-86）。

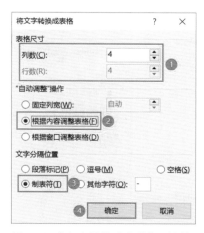

图5-86　"文本转换成表格"对话框

③选中表格，单击"表格工具"—"设计"选项卡中的"其他"按钮，在打开的下拉列表中选择"清单表6，彩色"样式（图5-87）。

小贴士

文本转换成表格

系统会自动检测并填充"将文字转换成表格"对话框中的参数，用户可根据需要进行微调。

文本转换成表格

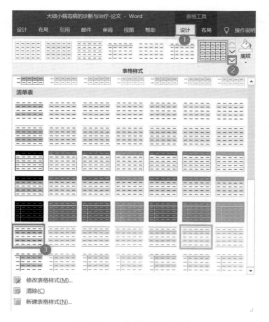

图5-87　套用表格样式

④选中表格，右击鼠标，在打开的快捷菜单中选择"表格属性"命令。打开"表格属性"对话框，在"表格"选项卡中设置表格"居中"对齐，并单击"边框和底纹"按钮。打开"边框和底纹"对话框，在"底纹"选项卡中设置"填充：无颜色"，单击"确定"按钮（图5-88）。

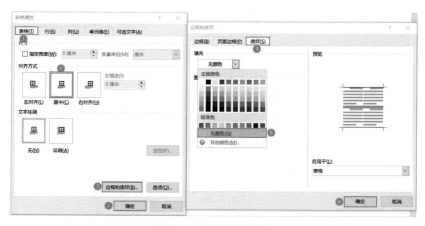

图5-88　设置表格属性

⑤"表6临床病例治疗效果统计结果"效果如图5-89所示。

表6　临床病例治疗效果统计结果

	治愈率／%	有效率／%	死亡率／%
方案一	50	75	25
方案二	55	70	30
方案三	65	80	20

图5-89　表6临床病例治疗效果统计结果

3 任务小结

（1）表格的基本操作：选中表格、选中行、选中列、插入或删除行、插入或删除列、合并或拆分单元格。

（2）插入表格的方法。

①快速插入表格："插入"选项卡—"表格"组—"插入表格"命令。

②绘制表格："插入"选项卡—"表格"组—"绘制表格"命令。

③文本转换成表格："插入"选项卡—"表格"组—"文本转换成表格"命令。

（3）表格及单元格属性设置：文字、大小、对齐方式、边框、底纹。

（4）使用公式计算："表格工具"—"布局"选项卡—"数据"组—"公式"按钮。

任务5　随堂测验

任务6　排版毕业论文

1 任务要求

（1）为论文添加页眉和页脚。奇数页的页眉设置为论文"作者：王璐璐；题目：犬细小病毒病的诊断与治疗"，偶数页的页眉设置为"江苏农牧科技职业学院毕业论文"，首页不显示页眉页脚。在页面底端插入页码，奇数页页码格式为"-1-"，偶数页页面显示为"第×页；共×页"。

（2）为"非结构蛋白"插入脚注，脚注内容为"非结构蛋白是指由病毒基因组编码的，在病毒复制或基因表达调控过程中具有一定功能的蛋白质"。

（3）创建"一级标题"样式，其格式为："宋体四号，加粗，居中对齐，大纲级别1级"，段前段后各15磅，1.5倍行距；创建"二级标题"样式，其格式为："宋体小四号，加粗，左对齐，大纲级别2级"，段前段后各13磅，1.5倍行距。为论文中所有一级标题应用"一级标题"样式，为所有二级标题应用"二级标题"样式。

（4）创建目录，自定义其格式为"正式"，显示级别为"2"，目录文本字号为"小四"，行距为1.5倍。

（5）设置论文上、下、左、右页边距分别为2.5厘米、2.2厘米、2.7厘米、2.2厘米，纸张为"A4，纵向"，页眉、页脚"距边界"均为1.75厘米；设置每行字符数43，间距10.5磅；每页45行，间距15.6磅。

（6）打印论文封面，单面打印1份；打印论文2～29页，双面打印1份。

2 **实施步骤**

（1）添加页眉和页脚

①单击"插入"选项卡—"页眉和页脚"组中的"页眉"按钮，在打开的"页眉"下拉列表中选择"空白"页眉样式（图5-90）。

图5-90 插入页眉

②进入到页眉编辑状态，这时文档中的正文部分呈灰色状态。在"页眉和页脚工具"—"设计"选项卡的"选项"组中，勾选"首页不同"和"奇偶页不同"复选框。在奇数页的页眉中选中"在此处键入"并删除，输入文字"作者：；题目："。光标定位于分号左侧，单击"插入"组中的"文档信息"按钮，在下拉列表中选择"作者"，使用相同的方法在第二个冒号后插入"文档标题"，设置文字为"宋体五号，居中"（图5-91）；在偶数页的页眉中输入文字"江苏农牧科技职业学院

毕业论文"，设置文字为"宋体五号，居中"。单击"关闭页眉和页脚"按钮。

图5-91　设置奇数页页眉

③光标置于任意奇数页，单击"插入"选项卡—"页眉和页脚"组中的"页码"按钮，在打开的下拉列表中选择"普通数字2"（图5-92），完成奇数页页码的插入。光标置于任意偶数页，在页脚输入文字"第页；共页"，光标定位于"第"和"页"中间，单击"页码"按钮下拉列表中的"当前位置"，选择"普通数字"样式（图5-93）；光标定位于"共"和"页"中间，单击"文档部件"按钮下拉列表中的"域"，在"域"对话框的"域名"框中选择"NumPages"，在"格式"框中选择"1，2，3，…"，单击"确定"按钮，并关闭"页眉和页脚"对话框（图5-94）。

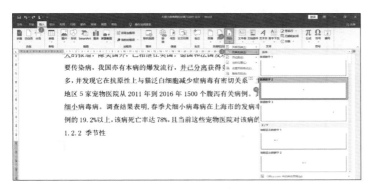

图5-92　插入奇数页页码

图5-93　插入偶数页页码1

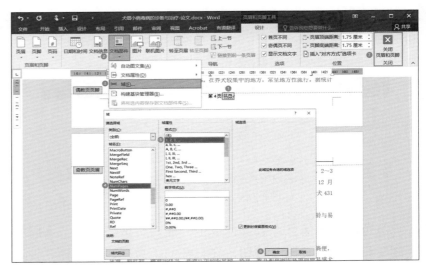

图 5-94 插入偶数页页码 2

④双击任意页码，打开"页眉和页脚工具"选项卡。单击"页眉和页脚"组中的"页码"按钮，在打开的下拉列表中选择"设置页码格式"命令。打开"页码格式"对话框，选择编号格式为"-1-"。单击"确定"按钮，并关闭"页码和页脚"对话框（图5-95）。

小贴士

设置起始页码

在"页码格式"对话框中，单击"页码编号"组下"起始页码"按钮，在后面的文本框中输入起始页码，即可设置起始页码。

知识探究

脚注和尾注

脚注和尾注一般用于对论文内容的注释或说明。脚注通常显示在页面底部，而尾注位于文档末尾。脚注或尾注上的数字或符号与文档中的引用标记相匹配。

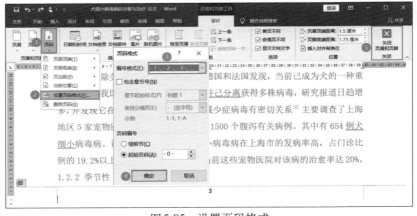

图 5-95 设置页码格式

（2）插入脚注

①将光标定位到要插入脚注的位置（"非结构蛋白"后），单击"引用"选项卡—"脚注"组中的"插入脚注"按钮（图5-96）。

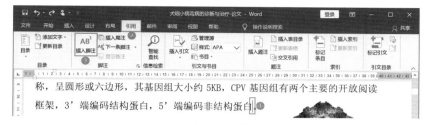

图5-96　插入脚注

②光标将自动移至页面底端脚注区，输入文本"非结构蛋白是指由病毒基因组编码的，在病毒复制或基因表达调控过程中具有一定功能的蛋白质。"（图5-97）。

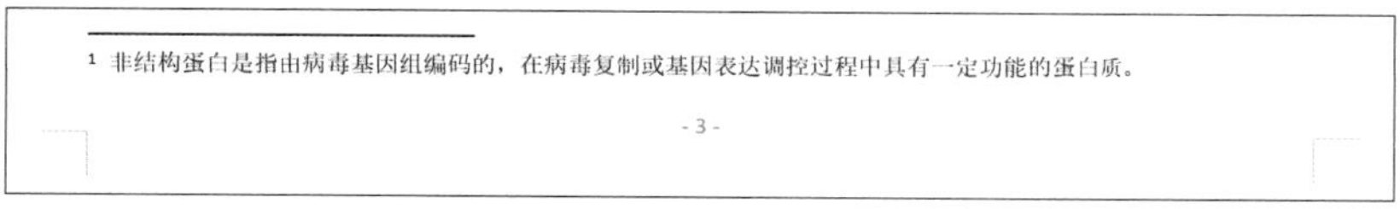

---

1 非结构蛋白是指由病毒基因组编码的，在病毒复制或基因表达调控过程中具有一定功能的蛋白质。

- 3 -

图5-97　输入脚注文本

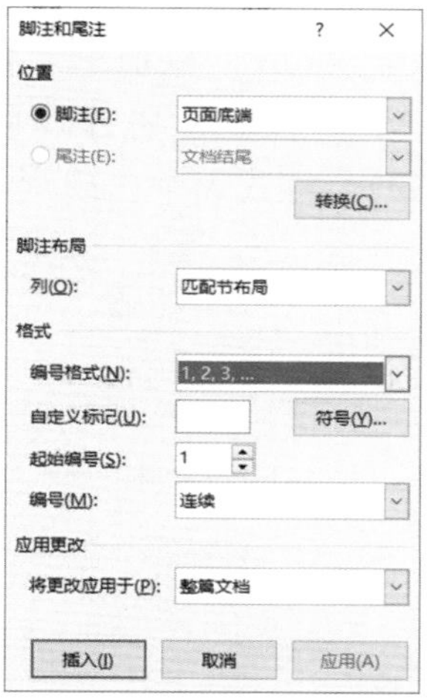

图5-98　设置脚注和尾注格式

（3）创建和应用样式

①单击"开始"选项卡—"样式"组右下角的"其他"按钮，在打开的下拉列表中选择"创建样式"命令。打开"根据格式化创建新样式"对话框，在"名称"下的文本框中输入"一级标题"，单击"修改"按钮（图5-99）。

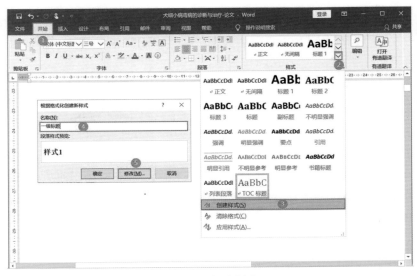

图5-99　新建样式

②打开"根据格式化创建新样式"对话框，设置字体为"宋体四号，加粗"。单击左下角"格式"按钮，在打开的列表中选择"段落"。打开"段落"对话框，设置对齐方式为"居中"，大纲级别为"1级"，段前段后各15磅，1.5倍行距，单击"确定"按钮（图5-100），样式表中出现刚创新的样式。

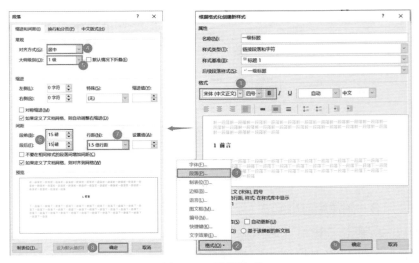

图5-100　设置格式

③将光标移至"1前言"行任意位置，单击"一级标题"样式，该标题自动应用新样式（图5-101）。

江苏农牧科技职业学院毕业论文

1 前言

图5-101　应用新样式

④使用相同的方法创建"二级标题"样式，设置字体为"宋体小四号，加粗，左对齐"，大纲级别为"2级"，段前段后各13磅，1.5倍行距（图5-102）。

1 前言

1.1 犬细小病毒病的特性

图5-102　应用二级标题

⑤为论文中所有一级标题应用"一级标题"样式，为所有二级标题应用"二级标题"样式。

（4）创建目录

①将鼠标光标定位至论文目录页"目录"二字下方。单击"引用"选项卡—"目录"组中的"目录"按钮，在打开的下拉列表中选择"自定义目录"命令。在打开的"目录"对话框中，设置格式为"正式"，显示级别为"2"，单击"确定"按钮（图5-103）。

②选择目录文本，设置其字号为"小四"，行距为1.5倍（图5-104）。

小贴士

显示大纲

设置了大纲级别的文本最左边会出现大纲标记。单击"视图"选项卡—"导航窗格"，打开导航窗格，并按级别显示大纲。创建目录时也将显示各级大纲。

小贴士

应用样式库

使用样式库可快速为文本设置统一的格式。如果将光标放置在段落中，样式会应用于整个段落。如果选择特定文本，则只会应用于所选的文本。

创建目录

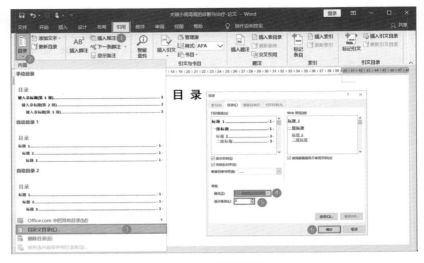

图 5-103　插入目录

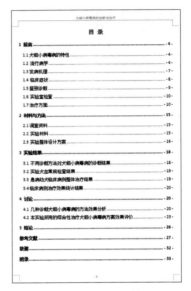

图 5-104　目录页效果

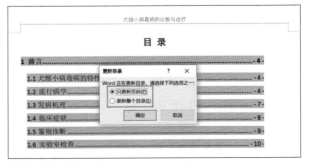

图 5-105　自动更新目录

小贴士

自动更新目录

鼠标单击目录任意位置，单击鼠标右键，在打开的快捷菜单中选择"更新域"命令。打开"更新目录"对话框，可根据需要选择"只更新页码"或"更新整个目录"（图 5-105）。

（5）页面设置

①单击"布局"选项卡—"页面设置"组中的"页面设置"按钮，打开"页面设置"对话框。在"页边距"项中设置上、下、左、右页边距分别为2.5厘米、2.2厘米、2.7厘米、2.2厘米。选择纸张方向为纵向（图5-106）。

页面设置

图5-106　设置页边距

②单击"纸张"选项卡，在"纸张大小"后的下拉列表中选择"A4"，单击"确定"按钮（图5-107）。

图5-107　设置纸张大小

③单击"布局"选项卡，在"距边界"项中设置页眉、页脚均为1.75厘米（图5-108）。

图5-108 设置布局

④在"页面设置"对话框中，单击"文档网络"选项卡。在"网络"项中选择"指定行和字符网络"，设置每行字符数为43，间距10.5磅；每页45行，间距15.6磅，单击"确定"按钮（图5-109）。

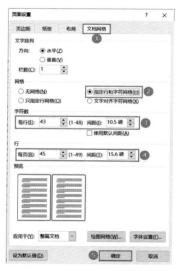

图5-109 设置文档网络

（6）打印论文

①光标置于论文封面任意处，单击"文件"选项卡，在列

表中选择"打印"命令。在"设置"项中选择"打印当前页面"，并设置"单面打印"。设置打印份数为"1"，单击"打印"按钮（图5-110）。

图5-110　打印封面

②单击"文件"选项卡，在列表中选择"打印"命令。在"设置"项中设置"自定义打印范围：2-29"，"双面打印"。设置打印份数为"1"，单击"打印"按钮（图5-111）。

图5-111　打印论文

小贴士

自定义打印范围

在设置"打印页数"时，连续页码使英文半角符"-"连接，不连续的页码用英文半角逗号","分隔。

③ 任务小结

（1）插入页眉："插入"选项卡—"页眉和页脚"组—"页眉"按钮。

（2）插入页码："插入"选项卡—"页眉和页脚"组—"页码"按钮。

（3）插入脚注："引用"选项卡—"脚注"组—"插入脚注"按钮。

（4）创建样式："开始"选项卡—"样式"组—"其他"按钮—"创建样式"命令。

（5）创建目录："引用"选项卡—"目录"组—"目录"按钮。

（6）页面设置："布局"选项卡—"页面设置"组—"页面设置"按钮—设置"页边距/纸张/布局/文档网络"。

（7）打印文档："文件"选项卡—"打印"命令—设置"打印范围""打印份数"等。

🖥 实战演练

制作软件使用说明书

① 任务描述

王林是某软件公司产权事务部的员工，为了申报软件著作权，他需要制作一本软件使用说明书。

② 任务要求

（1）自主设计说明书封面，写清楚软件的名称和版本号，版式简洁大方。

（2）说明书应包含开发背景、系统架构、安装方式、运行环境、操作步骤等模块。建立"01一级标题"的样式为：黑体、四号、RGB（0、176、240）、左对齐、段前段后各0.5行；建立"02正文"的样式为：宋体、小四、首行缩进两字符、1.5倍行距。对一级目录应用样式"01标题"，正文应用样式"02正文"。

（3）在封面后插入一页，为文档添加目录，目录样式为"正式"、显示级别"2"，在目录页后插入"下一页"分节符。

（4）为说明书插入页眉页脚：奇数页页眉为公司名称，偶数页页眉为具体软件名称；在页脚插入页码：目录页码格式为"Ⅰ，Ⅱ，Ⅲ，…"、正文页码格式为"-1-，-2-，-3-，…"，封面不显示页眉页脚。

（5）为页面添加内容为"版权所有，侵权必究"的"斜式"文字水印，颜色"白色，背景1，深色5%"；设置页面颜色的填充效果样式为"纹理/羊皮纸"。

（6）设置文档属性，如实设置"标题""作者""单位"等信息。

（7）设置页面上、下、左、右页边距分别为2.3厘米、2.3厘米、3.2厘米、2.8厘米，装订线位于左侧0.5厘米处，页面纸张大小为"A4"。

职业认知

电子数据取证分析师

定义：从事电子数据提取、固定、恢复、分析等工作的人员。

主要工作任务：提取、固定电子数据；恢复基于物理修复或数据特征等的电子数据；分析不同介质和智能终端的电子数据；分析服务器、数据库及公有云的电子数据；分析物联网、工程控制系统的电子数据；分析计算机及其其他智能终端应用程序功能。

拓展技能

1 插入与编辑SmartArt图形

2 邮件合并

插入与编辑SmartArt图形

邮件合并

等考操练

① 打开素材中的文档Word1.docx，按照下列要求完成操作并保存文档

（1）将文中所有错词"人声"替换为"人生"；将标题（"活出精彩-搏出人生"）应用"标题1"样式，并设置为小三号、隶书、段前段后间距均为6磅、单倍行距、居中：标题字体颜色设为"橙色，个性色6，深色50%"，文本效果为"映像/映像变体/紧密映像：4磅偏移量"；修改标题阴影效果为"内部/内部右上角"；编辑文档属性信息，"摘要"选项卡中的作者改为"王璐璐"、单位是"江苏农牧科技职业学院"、标题为"活出精彩-搏出人生"。

（2）设置纸张方向为"横向"；设置页边距为上下各3厘米，左右各2.5厘米，装订线位于左侧3厘米处，页眉页脚各距边界2厘米，每页24行；添加空白型页眉，键入文字"校园报"，设置页眉文字为"小四号、黑体、深红色（标准色）、加粗"；为页面添加水平文字水印"精彩人生"，文字颜色为"橄榄色、个性色3、淡色80%"。

（3）将正文一至二段（"人生在世，需要去……我终于学会了坚强。"）设置为小四号、楷体；首行缩进2字符，行间距为1.15倍；将文本（"人生在世，需要去……我终于学会了坚强。"）分为等宽的2栏，栏宽为28字符，并添加分隔线；将文本（"记住该记住的，忘记该忘记的。改变能改变的，接受不能接受的。"）设置为黄色突出显示。

（4）将文中后12行文字转换为一个12行5列的表格，文字分隔位置为"空格"：设置表格列宽为92.5厘米，行高为0.5厘米；将表格第一行合并为1个单元格，内容居中；设置表格整体居中。

（5）将表格第一行文字（"校运动会奖牌排行榜"）设置为小三号、黑体、字间距加宽1.5磅；统计各班金、银、铜牌合计，各类奖牌合计填入相应的行和列；以金牌为主要关键字、降序，银牌为次要关键字、降序，铜牌为第三关键字、降序，对9个班进行排序。

（6）设置表格外框线，第一行与第二行之间的表格线为0.75磅红色（标准色）双窄线，其余表格框线为0.75磅红色（标准色）单实线；为表格第一行添加橙色（标准色）底纹；设置表格所有单元格的左、右边距均为0.3厘米。

2 打开素材中的文档Word2.docx，按照下列要求完成操作并保存文档

（1）设置页面纸张大小为"A4"；在页面顶端插入"空白"型页眉，利用"文档部件"在页眉内容处插入文档的"作者"信息；在页面底端插入"镶边"型页脚，并设置其中的页码编号格式为"-1-，-2-，-3-，…"，起始页码为"-3-"。为页面添加"方框"型0.75磅、红色（标准色）、双窄线边框；设置页面颜色的填充效果样式为"纹理／蓝色面巾纸"。

（2）将标题段文字（"携手并进，踏上知识产权强国建设新征程"）设置为二号、黑体、加粗、居中，段落格式设置为段前间距3磅、段后间距6磅，文本效果设置为内置样式"填充-红色，着色2，轮廓-着色2"，并修改其阴影效果为"内部左侧"，为标题段文字添加着重号；在标题段末尾添加脚注，脚注内容为"资料来源：中国知识产权报"。

（3）设置正文各段（"如何…… 推动。"）的中文字体为四号宋体、西文字体四号Aria1字体，行距为26磅，段前间距为0.5行，设置正文第一段首字下沉2行、距正文0.3厘米；设置正文第二段悬挂缩进2字符；为正文第二段（"这一……代表性。"）中的《知识产权强国建设纲要（2021—2035年)》"添加超链接"http：//www.gov.cn/zhengce/2021-09/22/content_5638714.htm"。

（4）在文档最后空行处插入素材文件夹中的图片picture.jpg，设置图片高为5厘米，宽为7.5厘米，文字环绕为上下型，艺术效果为"马赛克气泡、透明度80%"。

项目六 论文答辩演示文稿的制作

思维导图

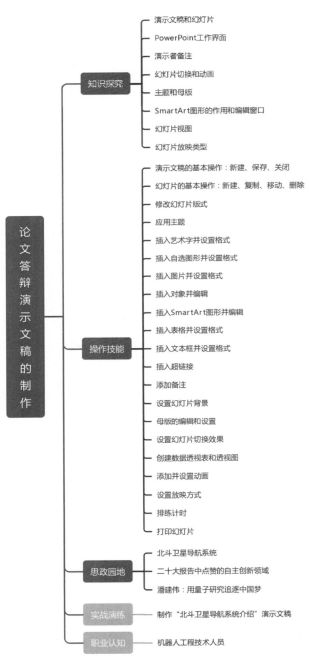

论文答辩演示文稿的制作

知识探究
- 演示文稿和幻灯片
- PowerPoint工作界面
- 演示者备注
- 幻灯片切换和动画
- 主题和母版
- SmartArt图形的作用和编辑窗口
- 幻灯片视图
- 幻灯片放映类型

操作技能
- 演示文稿的基本操作：新建、保存、关闭
- 幻灯片的基本操作：新建、复制、移动、删除
- 修改幻灯片版式
- 应用主题
- 插入艺术字并设置格式
- 插入自选图形并设置格式
- 插入图片并设置格式
- 插入对象并编辑
- 插入SmartArt图形并编辑
- 插入表格并设置格式
- 插入文本框并设置格式
- 插入超链接
- 添加备注
- 设置幻灯片背景
- 母版的编辑和设置
- 设置幻灯片切换效果
- 创建数据透视表和透视图
- 添加并设置动画
- 设置放映方式
- 排练计时
- 打印幻灯片

思政园地
- 北斗卫星导航系统
- 二十大报告中点赞的自主创新领域
- 潘建伟：用量子研究追逐中国梦

实战演练
- 制作"北斗卫星导航系统介绍"演示文稿

职业认知
- 机器人工程技术人员

项目描述

经过几个月的努力，王璐璐同学终于处理完所有实验数据，并且完成了论文《犬细小病毒病的诊断与治疗》的撰写和排版工作。最后一个环节是论文答辩，论文答辩是毕业设计的一个重要环节，答辩时需要向专家介绍课题的研究背景、研究过程和结论等。

项目分析

需要演讲、展示的活动，可以通过制作演示文稿来完成。Office组件中提供了一款专门用于制作演示文稿的软件PowerPoint。PowerPoint所创建的演示文稿具有生动活泼、形象逼真的动画效果，能够像幻灯片一样放映，具有很强的感染力。王璐璐同学可以使用PowerPoint来制作论文答辩演示文稿。

项目实施

任务1 新建"毕业论文答辩"演示文稿

1 任务要求

（1）新建文件名为"毕业论文答辩"的演示文稿，保存于E盘根目录下。

（2）为演示文稿添加7张幻灯片，运用"论文答辩"主题进行修饰。

（3）首尾两张幻灯片运用"标题"版式，第二张幻灯片运用"空白"版式，最终效果如图6-1所示。

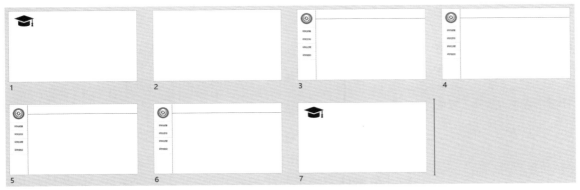

图6-1　新建"毕业论文答辩"演示文稿效果

（1）新建演示文稿

①在目标位置（例如"桌面"），单击鼠标右键。

②选择"新建"菜单中的"Microsoft PowerPoint 演示文稿"命令，新建一个空白演示文稿（图6-2），默认文件名为"新建Microsoft PowerPoint 演示文稿"。

○ 知识探究

演示文稿和幻灯片

演示文稿和幻灯片是不可分割的两个部分，新建的一个PowerPoint 文件就是一个演示文稿（.pptx），而组成演示文稿的每一页就称为一张幻灯片。

新建演示文稿

○ 小贴士

新建演示文稿的其他方法

（1）单击"开始"菜单，拖动滚动条到字母P，选择"PowerPoint"命令。

（2）在已打开的一个PowerPoint 文件中，选择"文件"选项卡，单击"新建"命令，选择"空白演示文稿"。

○ 知识探究

PowerPoint 2016工作界面

（图6-3）

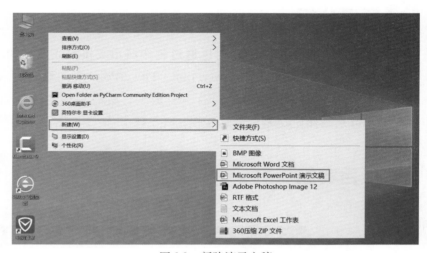

图6-2　新建演示文稿

图6-3　PowerPoint 2016工作界面

（2）创建第一张幻灯片

①双击鼠标左键，打开新建的演示文稿。

②在空白演示文稿中，鼠标左键单击"幻灯片窗格"中的"单击以添加第一张幻灯片"，默认第一张是"标题幻灯片"（图6-4）。

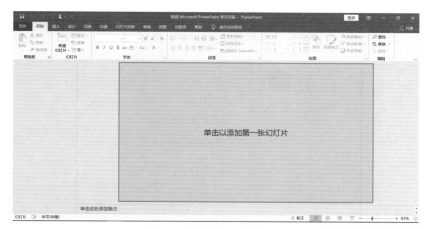

图6-4　创建第一张幻灯片

PowerPoint 2016工作界面介绍

创建第一张幻灯片

（3）应用主题

①单击"设计"选项卡—"主题"组右下角的"其他"按钮（图6-5）。

图6-5　应用主题1

②选择"浏览主题"命令（图6-6），在打开的"选择主题或主题文档"对话框中，选择素材中的"论文答辩"主题，将预先制作好的主题应用到幻灯片中（图6-7）。

🔵 知识探究

主题

主题是一组预定义的颜色、字体和效果，应用主题可以使幻灯片具有统一的外观，而且，向幻灯片添加图形、表格、形状等对象时，PowerPoint会自动应用与其他幻灯片元素相适应的主题颜色。

应用主题

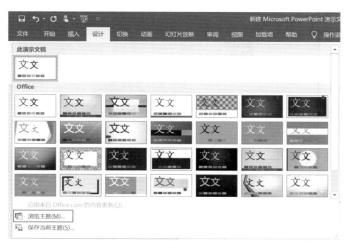

图6-6　应用主题2

图6-7　应用主题3

图6-8　主题应用范围

（4）新建其他幻灯片

①将光标定位到目标位置（幻灯片浏览窗格中第一张幻灯片后）。

②单击鼠标右键，选择"新建幻灯片"命令（图6-9）。默认新添加的幻灯片是"标题和内容"版式。

图6-9　新建幻灯片1

③再添加5张幻灯片（图6-10）。

图6-10　新建幻灯片2

图6-12　幻灯片版式2

图6-11　幻灯片版式1

（5）修改版式

①选择第二张幻灯片。

②单击鼠标右键，在打开的菜单中单击"版式"命令，选择"空白"版式（图6-13）。

图6-13　修改版式

版式

修改版式

（6）复制幻灯片

①在幻灯片浏览窗格中选择需要复制的幻灯片（例如，复制"标题幻灯片"）。

②单击鼠标右键，在打开的菜单中选择"复制幻灯片"命令（图6-14）。

图6-14　复制幻灯片

（7）移动幻灯片

①选择第二张幻灯片。

②按住鼠标左键不放，将幻灯片拖到目标位置（最后一张幻灯片后），再松开鼠标（图6-15）。

图6-15　移动幻灯片

（8）删除幻灯片

①在幻灯片浏览窗格中选择需要删除的幻灯片（倒数第二张幻灯片）。

②单击鼠标右键，在打开的菜单中选择"删除幻灯片"命令（图6-16）。

💡 **小贴士**

快速删除幻灯片

在幻灯片浏览窗格中，选择目标幻灯片，按键盘上的【Delete】键，可以快速删除幻灯片。

图6-16　删除幻灯片

删除幻灯片

（9）保存演示文稿

①单击"文件"选项卡，选择"另存为"命令。

②双击"这台电脑"，在打开的对话框中选择文件存放路径。

③输入文件名"毕业论文答辩"。

④单击"保存"按钮（图6-17）。

保存演示文稿

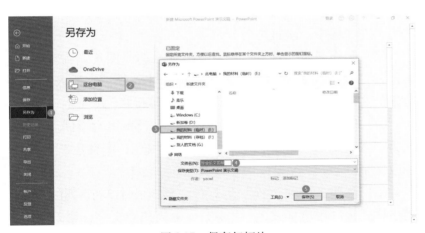

图6-17　保存幻灯片

3 任务小结

（1）基本概念：演示文稿、幻灯片、主题、版式。

（2）新建幻灯片的三种方法。

①将光标定位到目标位置，单击鼠标右键，选择"新建幻

任务1　随堂测验

灯片"命令。

②将光标定位到幻灯片浏览窗格中需要添加幻灯片的位置，直接按键盘上的【Enter】键。

③在幻灯片浏览窗格中，将光标定位到目标位置，选择"开始"选项卡—"幻灯片"组—"新建幻灯片"命令，在下拉列表中选择需要的版式。

（3）幻灯片的基本操作：新建、复制、移动、删除幻灯片。

任务2 编辑"毕业论文答辩"演示文稿

① 任务要求

（1）制作"标题"幻灯片。主标题文字为艺术字"绿色，倒 v 形"；输入副标题文字，并设置为1.2倍行距，左对齐。

（2）制作"目录"幻灯片。"目录"为艺术字"填充：白色；轮廓：水绿色，主题色5；阴影"，文字为"微软雅黑，字号54，加粗"，插入椭圆形状，再组合形状和艺术字；插入四个圆角矩形，改变矩形弧度，设置"填充：绿色；轮廓：白色，背景色1，深色15％"，文字为"微软雅黑，字号20"，对齐方式为"左右居中、垂直均匀分布"。

（3）制作"研究背景"幻灯片。插入两张图片，调整大小，将图片"裁剪为圆角矩形，柔化边缘变体2.5磅"。插入"研究背景"文档，并设置文字为"四号，1.5倍行距"。

（4）制作"研究目标"幻灯片。插入SmartArt图形，其格式为"垂直曲形列表，白色轮廓，彩色填充，个性色3"，输入相应文字。

（5）制作"研究过程"幻灯片。插入一个3行5列的表格，表格样式为"中度样式2，强调3"。输入相应文字，第2～5行行高为5厘米，表格中内容对齐方式为"垂直居中"，第一行文字"水平居中"。

（6）制作"研究结论"幻灯片。插入三个文本框，并输入"研究结论"相关文字，文字为"宋体，字号28"，文本框均匀分布。第二个文本框设为宽20厘米，1.5倍行距。

（7）制作"结束页"幻灯片。将"谢谢"二字设置为超链接，并链接到第一张幻灯片，最终效果如图6-18所示。

图6-18 编辑"毕业论文答辩"演示文稿效果

2 实施步骤

（1）插入艺术字并设置格式

①在幻灯片浏览窗格中选择第一张幻灯片。

②选中"单击此处编辑标题"占位符，并按键盘上的【Delete】键删除。

③单击"插入"选项卡—"文本"组中的"艺术字"按钮下面的小三角，设置艺术字格式为"填充：白色；轮廓：水绿色，主题色5；阴影"（图6-19）。

图6-19 插入艺术字

④将"请在此放置您的文字"几个文字改成论文标题"犬细小病毒病的诊断与治疗"。

⑤选中刚插入的艺术字，单击"绘图工具"—"格式"选项卡，单击"艺术字样式"组的"文本填充"按钮旁的小三角，选择"标准色"组中的"绿色"（图6-20）。

⑥单击"绘图工具"—"格式"选项卡，选择"艺术字样式"组中的"文本效果"旁边的小三角，单击"转换"命令，选择"弯曲"组中的"倒V形"效果（图6-21）。

⑦在"单击此处添加副标题"文本框中，添加姓名、学号、指导老师等信息。单击"开始"选项卡—"段落"组中的"左对齐"按钮，设置文字对齐方式为"左对齐"。单击"开始"选项

插入艺术字并设置格式

编辑文字并设置格式

> 🔔 **小贴士**
>
> "绘图工具"选项卡
> 插入艺术字后，功能区中便多了一个"绘图工具"—"格式"选项卡，用于设置艺术字的格式。

卡—"段落"组右下角的"段落"按钮,打开"段落"对话框,在"缩进和间距"选项卡—"间距"组中,单击"行距"右侧的下拉列表,选择"多倍行距",在"设置值"后面的文本框中输入1.2,单击"确定"按钮(图6-22)。

⑧拖动主标题和副标题文本框至合适位置(图6-23)。

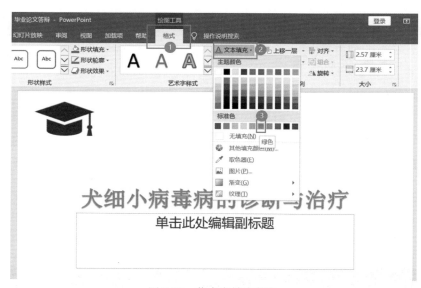

图6-20　艺术字填充颜色

图6-21　艺术字格式

图6-22　副标题文字

图6-23　标题幻灯片效果

（2）插入自选图形

①在幻灯片浏览窗格中选择第二张幻灯片。

②单击"插入"选项卡—"插图"组中的"形状"按钮，在下拉列表中选择"基本形状"组中的"椭圆"形状（图6-24），按住鼠标左键，拖出一个椭圆形状，松开鼠标。

图6-24　插入自选图形

③单击"绘图工具"—"格式"选项卡—"形状样式"组中的"形状填充"按钮，在下拉列表中选择"标准色"组中的绿色（图6-25）。

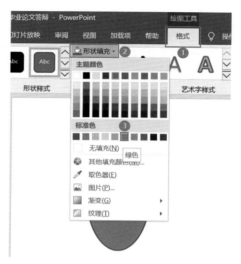

图6-25　自选图形颜色填充

④单击"形状样式"组—"形状轮廓"按钮，在下拉列表中选择主题颜色"白色，背景色1，深色15%"（图6-26）。

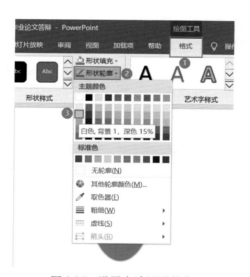

图6-26　设置自选图形轮廓

⑤单击"插入"选项卡—"文本"组—"艺术字"按钮下面的小三角，选择"填充：白色；轮廓：水绿色，主题色5；阴影"（图6-27）。

图6-27　插入艺术字

⑥输入文字"目录"，在"目"字后按
【Enter】键。选中艺术字，在"开始"选项
卡"字体"组中，设置其字体为微软雅黑，
字号为54，并加粗。将"目录"二字拖到椭
圆里面合适位置（图6-28）。

图6-28　自选图形中的文字

⑦按住键盘上【Shift】键，依次选择椭
圆形状、"目录"文字。松开【Shift】键，在
选择的内容上单击鼠标右键，在打开的菜单
中选择"组合"命令（图6-29），将两个元素组合成一个整体，
并移至合适位置。

图6-29　组合图形和文字

（3）插入和编辑形状

①单击"插入"选项卡—"插图"组中的"形状"按钮，
在下拉列表中选择"矩形"组中的"矩形：圆角"形状（图
6-30）。在幻灯片空白区域，按住鼠标左键，拖出一个圆角矩
形，松开鼠标。拖动圆角矩形上的橙色小点改变圆角的弧度
（图6-31）。

"目录"图形的制作

形状组合

编辑目录列表

🔖 **小贴士**

改变圆角矩形的弧度

绘制好的圆角矩形，左上
角有一个橙色的小点，拖
动该橙色小点可以改变圆
角的弧度。

图 6-30　插入圆角矩形

图 6-31　调整圆角弧度

②在"绘图工具"—"格式"选项卡上，单击"形状样式"组中的"形状填充"按钮，在下拉列表中选择"标准色"—"绿色"（图6-32）。单击"形状轮廓"按钮，在下拉列表中选择主题颜色"白色，背景色1，深色15％"（图6-33）。

图 6-32　圆角矩形形状填充

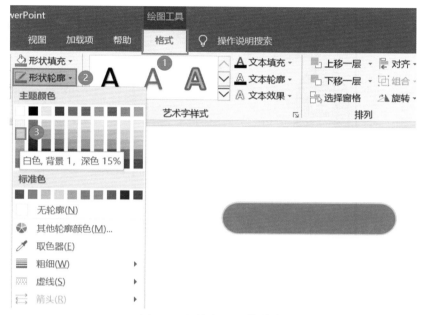

图6-33　圆角矩形形状轮廓

③选择该圆角矩形，在图形上单击鼠标右键，在打开的菜单中选择"编辑文字"命令（图6-34），输入文字"1、研究背景"。选择文字，设置其字体为微软雅黑，字号为20。

小贴士

操作注意事项

每次操作的时候，首先要用鼠标左键单击选中文本框或形状等，接着在该对象上单击鼠标右键，才会出现相应的菜单。

图6-34　编辑文字

④选择该圆角矩形，单击鼠标右键，在打开的菜单中选择"复制"命令，在空白处单击鼠标右键，在打开的菜单中选择"粘贴选项"—"使用目标主题"（图6-35），使用相同的方法再粘贴两次。

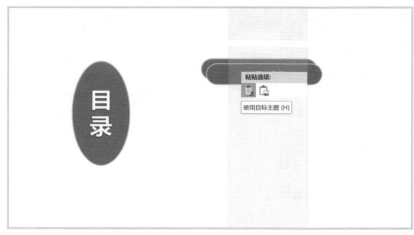

图6-35　粘贴圆角矩形

⑤将复制的圆角矩形中的文字分别改为"2、研究内容""3、研究过程""4、研究结论"(图6-36)。

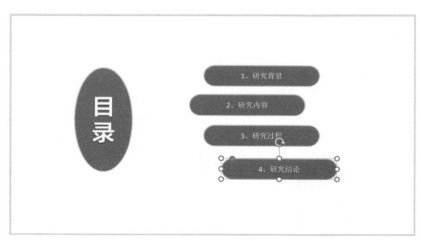

图6-36　修改文字

⑥按住鼠标左键,框选所有圆角矩形。单击"开始"选项卡—"绘图"组中的"排列"按钮,在下拉列表中选择"对齐"菜单中的"水平居中"对齐命令(图6-37),所有圆角矩形便左右排列整齐了;再次单击"对齐"菜单中的"纵向排列",所有矩形便实现了垂直方向上均匀分布。将矩形整体拖至合适位置(图6-38)。

图6-37 排列矩形1

图6-38 排列矩形2

（4）添加备注

单击状态栏中的"备注"视图，在备注栏"单击此处添加备注"中输入文字："目录页，先出现'目录'二字，具体目录依次出现，不需要单击鼠标"（图6-39）。

图6-39 添加备注

插入图片

（5）插入并设置图片

①选择第三张幻灯片，在"单击此处编辑文字"占位符中输入"研究背景"。

②单击"插入"选项卡—"图像"组中的"图片"按钮，打开"插入图片"对话框，选择素材中的"研究背景1"图片，单击"插入"按钮（图6-40）。拖动图片四周的尺寸控制点，将图片调整至合适的大小。

图6-40　插入图片

③选择"图片工具"—"格式"选项卡—"大小"组中的"裁剪"按钮，在下拉列表中选择"裁剪为形状"命令，选择"矩形"组中的"矩形：圆角"形状（图6-41）。

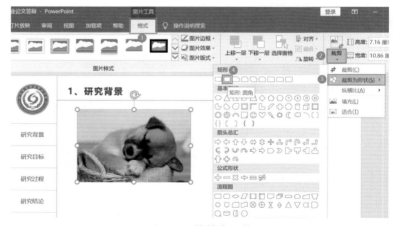

图6-41　裁剪为形状

④选择"图片工具"—"格式"选项卡—"图片样式"组中的"图片效果"按钮，在下拉列表中选择"柔化边缘"—"柔化边缘变体"—"2.5磅"效果（图6-42）。

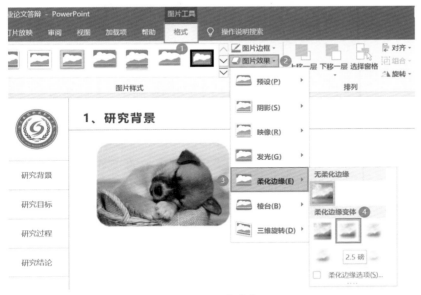

图6-42　柔化边缘

⑤使用相同的方法，插入素材中的图片"研究背景2"。

⑥单击已插入的"研究背景1"图片，单击"开始"选项卡"剪贴板"组的"格式刷"按钮，将格式刷在新插入的"研究背景2"图片上单击（图6-43），两张图便有了相同的效果（图6-44）。将两张图片移动至合适位置，并调整其大小。

⭐ 小贴士

使用格式刷快速复制格式

格式刷可以快速复制格式，适用于文字、图片等多种对象。使用格式刷需先选中要复制格式的对象，再单击"开始"选项卡"剪贴板"组的"格式刷"按钮，最后用格式刷在目标对象上单击，就能快速复制格式。

图6-43　格式刷图片1

图6-44　格式刷图片2

（6）插入对象

①单击"插入"选项卡—"文本"组中的"对象"按钮，打开"插入对象"对话框，选择"由文件创建"单选按钮，单击"浏览"，找到素材中的"研究背景文字材料"文档，选择该文档，单击"确定"按钮（图6-45）。

图6-45　插入对象

②单击新插入对象的边框，将对象移至图片下方适当位置，拖拉边框至合适大小（图6-46）。

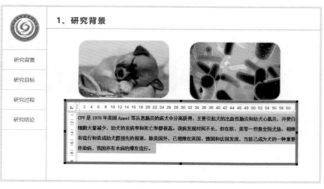

图6-46　移动对象至合适位置

小贴士

编辑新插入的对象

双击新插入对象，便会出现原文档的编辑窗口，可以在此窗口中对文档进行编辑。

插入文档

（7）插入并编辑SmartArt图形

①在幻灯片浏览窗格中单击第四张幻灯片，在"单击此处编辑文字"占位符中输入"研究内容"。

②单击"插入"选项卡—"插图"组中的"SmartArt"按钮，打开"选择SmartArt图形"对话框，选择"列表"组中的"垂直曲形列表"，单击"确定"按钮（图6-47）。

图6-47　插入SmartArt图形

③在文本窗格的第一行文本处输入文字"研究综述"，在第二行文本处输入文字"实验材料与方法"，在第三行文本处输入文字"实验结果"。在第三行文本后输入【Enter】，输入文字"讨论与结论"。单击"文本"窗格右上角的"关闭"按钮（图6-48）。

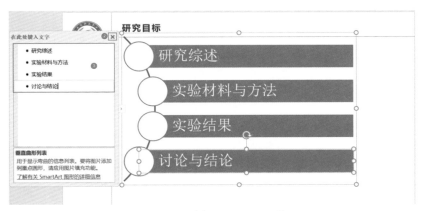

图6-48　编辑SmartArt图形

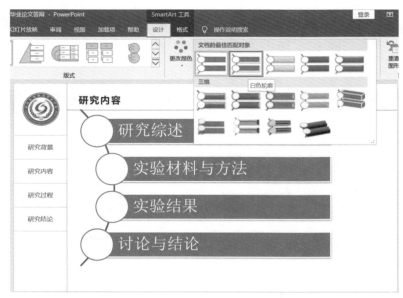 小贴士

"SmartArt工具"选项卡

单击SmartArt图形，在工具栏便会出现"SmartArt工具"，有"设计"和"格式"两个选项卡，通过相应设置，可以快速更改SmartArt图形外观。

④单击"SmartArt工具"—"设计"选项卡—"SmartArt样式"组右下角的"其他"按钮，选择"文档最佳匹配对象"中的"白色轮廓"样式（图6-49）。

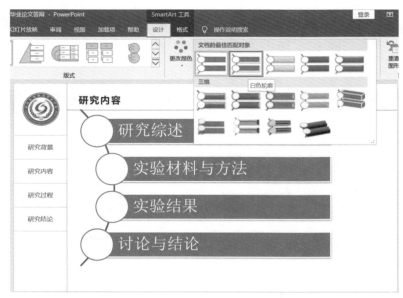

图6-49　设置SmartArt图形1

⑤单击"SmartArt工具"—"设计"选项卡—"SmartArt样式"组中的"更改颜色"按钮，在下拉列表中选择"个性色3"组中的"彩色填充，个性色3"选项（图6-50）。

图6-50　设置SmartArt图形2

⑥单击SmartArt图形边框，将图形移至幻灯片合适位置。

（8）插入并设置表格

①在幻灯片浏览窗格中单击第五张幻灯片，在"单击此处编辑文字"占位符中输入"研究过程"。

②单击"插入"选项卡—"表格"组中的"表格"按钮，在下拉列表中选择"插入表格"命令。打开"插入表格"对话框中，在"列数"后的文本框中输入3，在"行数"后的文本框中输入5，单击"确定"按钮（图6-51）。

插入表格

图6-51　插入表格

③在第一行单元格中，分别输入"时间安排""实验进度""论文进度"；在2～4行单元格中分别输入详细的时间安排、实验进度、论文进度（图6-52）。

图6-52　输入表格内容

④单击表格边框，选中表格，选择"表格工具"—"布局"选项卡，在"单元格大小"组—"高度"后的文本框中输入"2厘米"（图6-53）；拖动第一行下方的行分隔线，使第一行行高变小。

图6-53　调整单元格高度

⑤选中表格，单击"表格工具"—"布局"选项卡—"对齐方式"组中的"垂直居中"按钮；选中表格第一行，单击"表格工具"—"布局"选项卡—"对齐方式"组中的"居中"按钮（图6-54）。

图6-54　调整对齐方式

⑥选中表格，单击"表格工具"—"设计"选项卡—"表格样式"组中的"其他"按钮，在打开的样式中选择"中等色"组中的"中度样式2，强调3"（图6-55）。

⑦选中表格，将表格移至幻灯片合适位置。

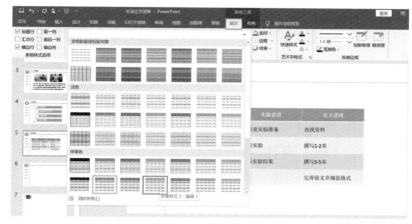

图6-55　套用表格样式

（9）插入文本框

①在幻灯片浏览窗格中单击第六张幻灯片，在"单击此处编辑文字"占位符中输入"研究结论"。

②单击"插入"选项卡—"文本"组中"文本框"按钮，在下拉列表中选择"绘制横排文本框"命令，在幻灯片空白区域单击鼠标左键，输入文字"1.春季犬细小病毒病在上海市的发病率较高"，并设置文字为"宋体、字号28"（图6-56）。

插入文本框

图6-56　绘制横排文本框

③选中文本框，单击鼠标右键，在打开的菜单中选择"复制"命令。在空白处单击鼠标右键，在打开的菜单中选择"粘贴选项"中的"使用目标主题"命令（图6-57）。

④将第二个文本框中的文字改为"2.常用犬细小病毒的检测方法在敏感性、稳定性等方面都有一定的局限性"。单击"绘

图工具"—"格式"选项卡—"大小"组右下角的"大小和位置"按钮,打开"设置形状格式"对话框,在"大小"组中将文本框的"宽度"设置为"20厘米";在"文本框"组勾选"形状中的文字自动换行"(图6-58),关闭"设置形状格式"对话框。在"开始"选项卡—"段落"组中将行距设置为"1.5倍"。

⑤复制第一个文本框,将文字改为"3.本实验采用的综合疗法,是一种行之有效的治疗措施"。

⑥拖动文本框边框,调整各文本框的位置和间距(图6-59)。

图6-57　粘贴文本框

图6-58　设置文本框格式

📁 小贴士

对齐文本框的方法
● "开始"选项卡—"绘图"组—"排列"—"对齐"命令。
● "绘图工具"—"格式"选项卡—"排列"组—"对齐"命令。
● 拖动文本框,根据虚线位置移动使其对齐。

图6-59　对齐文本框

（10）插入超链接

①在"单击此处编辑标题"占位符中输入文字"恳请各位老师批评指正！"；在"单击此处编辑副标题"占位符中输入文字"谢谢！"（图6-60）。

图6-60　结束文字

②选择文字"谢谢！"，单击"插入"选项卡—"链接"组中的"链接"命令，打开"插入超链接"对话框，在"链接到"文字下方，选择"本文档中的位置"；在"请选择文档中的位置"下的列表框中，选择"第一张幻灯片"；最右侧的幻灯片预览中可以看到链接目标幻灯片的缩略图，单击"确定"按钮（图6-61）。

图6-61　插入超链接

图6-62　幻灯片放映视图

小贴士

测试超链接

单击右下角状态栏中的"幻灯片放映"视图（图6-62），放映幻灯片，再单击超链接文本可测试链接是否正确。

任务2 随堂测验

3 任务小结

（1）插入艺术字并设置格式："插入"选项卡—"文本"组—"艺术字"按钮。

（2）插入自选图形："插入"选项卡—"插图"组—"形状"按钮。

（3）编辑形状："绘图工具"—"格式"选项卡—"形状样式"组。

（4）添加备注：单击状态栏中的"备注"视图。

（5）插入并设置图片："插入"选项卡—"图像"组—"图片"按钮。

（6）插入对象："插入"选项卡—"文本"组—"对象"按钮。

（7）插入并编辑SmartArt图形："插入"选项卡—"插图"组—"SmartArt"按钮。

（8）插入并设置表格："插入"选项卡—"表格"组—"表格"按钮。

（9）插入并设置文本框："插入"选项卡—"文本"组—"文本框"按钮。

（10）插入超链接："插入"选项卡—"链接"组—"链接"按钮。

任务3 美化"毕业论文答辩"演示文稿

设置背景图片

添加页脚

1 任务要求

（1）设置背景图片。

（2）制作页脚，文字为"江苏农牧科技职业学院"，时间和日期自动更新，页脚显示幻灯片编号。

（3）设置幻灯片切换效果为"向右侧，推进"。

（4）为第二张幻灯片设置动画，为左边组合对象设置"下浮"效果，为右边的四个圆角矩形设置"上一动画之后，自左侧，擦除，持续时间0.5秒，延迟2秒"效果。最终效果如图6-63所示。

图6-63　美化"毕业论文演示文稿"效果

2 实施步骤

（1）设置背景图片

①单击标题幻灯片，鼠标在空白位置右击。在打开的快捷菜单中，选择"设置背景格式"命令（图6-64）。

图6-64　设置背景图片1

②在右侧的"设置背景格式"窗格中，单击"填充"—"图片或纹理填充"，在"图片源"下方选择"插入"，打开"插入图片"对话框，单击"从文件"后的"浏览"按钮，选择素材中的"背景图片"，单击"插入"按钮。选择"应用到全部"（图6-65），关闭"设置背景格式"窗格。

小贴士
设置背景图片的应用范围可以根据需要，选择将背景图片应用于单张幻灯片或者所有幻灯片。

图6-65　设置背景图片2

（2）编辑幻灯片母版

①单击"视图"选项卡—"母版"视图组中的"幻灯片母版"，进入"幻灯片母版"编辑状态（图6-66）。

图6-66　编辑幻灯片母版

②单击第一张幻灯片母版，选择"插入"选项卡—"文本"组中的"页眉和页脚"按钮，打开"页眉和页脚"对话框。勾选"日期和时间"前的复选框，选择"自动更新"；勾选"幻灯片编号"复选框；勾选"页脚"复选框，在文本框中输入文字"江苏农牧科技职业学院"；勾选"标题幻灯片中不显示"复选框；单击"全部应用"按钮（图6-67）。

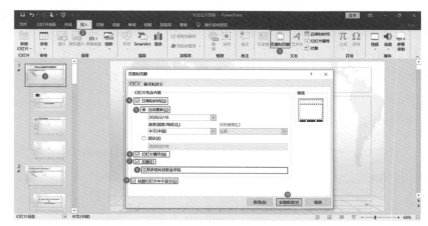

图6-67　设置幻灯片页脚

③单击"幻灯片母版"选项卡—"关闭"组中的"关闭母版视图"按钮。

（3）设置幻灯片切换效果

①在幻灯片浏览窗格中，按【Ctrl+A】组合键，选择所有幻灯片。

②单击"切换"选项卡—"切换到此幻灯片"组中的"推入"选项；单击"效果选项"，在下拉列表中选择"自右侧"命令（图6-68）。

图6-68　幻灯片切换效果

图6-69　设置幻灯片切换效果

（4）添加动画

①在幻灯片浏览窗格中单击第二张幻灯片，选择左边的组合对象。单击"动画"选项卡—"动画"组中的"浮入"选项，单击右边"效果选项"，在下拉列表中选择"下浮"命令（图6-70）。

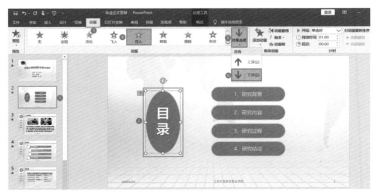

图6-70　添加动画1

②框选右边的四个圆角矩形,单击"动画"选项卡—"动画"组中的"擦除"选项,单击右边"效果选项",在下拉列表中选择"自左侧"命令(图6-71)。

小贴士

更多动画效果

单击"动画"选项卡—"高级动画"组中的"添加动画"按钮,在下拉列表中选择"进入""强调""退出""动作路径"等更多动画效果(图6-72)。

设置动画

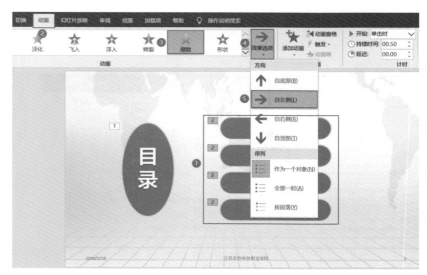

图6-71　添加动画2

图6-72　更多动画效果

③单击"动画"选项卡—"高级动画"组中的"动画窗格"按钮，打开"动画窗格"。选择"动画窗格"中的最后四个动画，单击"计时"组"开始"后的下拉列表，选择"上一动画之后"命令，设置"持续时间"0.5秒，延迟2秒（图6-73）。

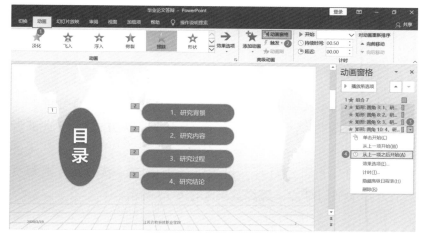

图6-73　设置动画1

④选择动画窗格中的第二行，单击右边的下拉列表，选择"单击开始"命令（图6-74）。

图6-74　设置动画2

3　任务小结

（1）基础知识：视图、幻灯片切换和对象动画。

（2）设置幻灯片背景：右击鼠标，选择"设置背景格式"命令。

（3）编辑幻灯片母版："视图"选项卡—"母版视图"组—

任务3　随堂测验

"幻灯片母版"按钮。

（4）设置幻灯片切换效果："切换"选项卡—"切换到此幻灯片"组。

（5）添加并设置动画："动画"选项卡—"动画"组。

任务4 放映"毕业论文答辩"演示文稿

1 任务要求

（1）对演示文稿进行排练计时，演讲时间不超过5分钟；

（2）清除排练计时，并设置幻灯片放映方式为"演讲者放映"；

（3）打印全部幻灯片，设置纸张为横向，以讲义方式每页放置6张水平幻灯片，最终效果如图6-75所示。

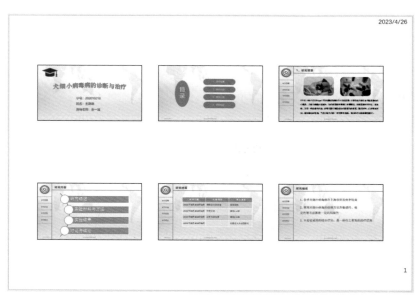

图6-75 打印"毕业论文答辩"演示文稿效果

2 实施步骤

（1）排练演示文稿

①单击"幻灯片放映"选项卡—"设置"组中的"排练计时"按钮（图6-76）。

②开始放映幻灯片，屏幕左上角出现一个计时器（图6-77）。

排练计时

图6-76　排练计时

图6-77　计时器

③单击计时器右上角的"关闭"按钮，停止录制，选择"是"保存幻灯片计时（图6-78）。

图6-78　保存计时

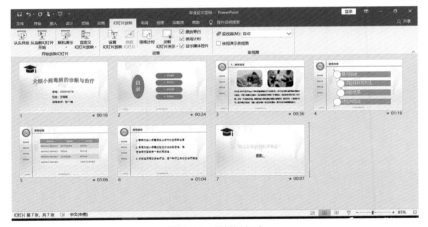

图6-79　浏览计时

（2）设置幻灯片放映

①单击"幻灯片放映"选项卡—"设置"组中的清除"使用计时"选项（图6-80），放映时将不使用所录制的幻灯片计时。

②单击"幻灯片放映"选项卡—"设置"组中的"设置幻灯片放映"按钮，打开"设置放映方式"对话框，在"放映类型"组中选择"演讲者放映"，单击"确定"按钮（图6-81）。

小贴士

计时器的按钮功能

● 单击"下一项"箭头、单击鼠标或按向右箭头键可播放下一个动作；

● 单击"暂停/继续录制"按钮可暂停记录或继续录制；

● 第一个时间是当前幻灯片的录制时间，第二个时间是整个演示的时间。

小贴士

浏览计时

单击状态栏"幻灯片浏览"视图，幻灯片右下角的时间即排练时该幻灯片所需的时间（图6-79）。

设置幻灯片放映

知识探究

幻灯片的放映类型

PowerPoint 2016提供了三种放映类型，"演讲者放映"模式是默认全屏放映；"观众自行浏览"模式，系统将以窗口形式放映演示文稿；"在展台浏览"模式，系统将自动全屏幕放映演示文稿。

图6-80　清除计时

图6-81　设置幻灯片放映

小贴士

放映控制

● 播放下一个动作：按键盘上的【Enter】键或向右的箭头或者控制栏上向右的播放按钮。

● 结束放映：按键盘上【Esc】键或单击控制栏最后一个按钮，在打开的菜单中选择"结束放映"（图6-82）。

图6-82　放映控制

③单击右下角状态栏中的"放映幻灯片"按钮，开始放映。

（3）打印幻灯片

单击"文件"选项卡—"打印"命令，设置打印份数"1"。在"设置"组中，设置打印范围为"打印全部幻灯片"，打印版式为"6张水平放置的幻灯片"，纸张方向"横向"，单击"打印"按钮（图6-83）。

小贴士

打印预览

右侧窗格中可预览打印效果。

打印幻灯片

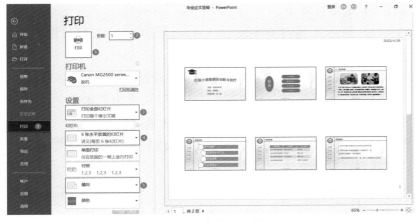

图6-83　打印幻灯片

3 任务小结

（1）幻灯片放映类型：演讲者放映、观众自行浏览、在展台浏览。

（2）排练计时及清除计时："幻灯片放映"选项卡—"设置"组—"排练计时"按钮。

（3）幻灯片放映设置："幻灯片放映"选项卡—"设置"组—"设置幻灯片放映"按钮。

（4）幻灯片打印："文件"选项卡—"打印"命令。

📈 实战演练

制作"北斗卫星导航系统介绍"演示文稿

1 任务描述

"北斗卫星导航系统"是我国自行研制的全球卫星导航系统，是"中国制造2025"的重要成果。小林是北斗科技有限公司市场营销部的员工，他感到无比自豪。为了参加一年一度的全国科技产品推介会，他需要做一个演示文稿，来介绍"北斗卫星导航系统"，以便让更多的人了解和使用该系统。

2 任务要求

（1）新建文件名为"北斗卫星导航系统介绍"的演示文稿，

任务4　随堂测验

以国家战略需求为导向，集聚力量进行原创性引领性科技攻关，坚决打赢关键核心技术攻坚战。加快实施一批具有战略性全局性前瞻性的国家重大科技项目，增强自主创新能力。
——2022年10月16日，习近平在中国共产党第二十次全国代表大会上的报告

保存于E盘根目录下。

（2）演示文稿共有8张幻灯片，运用Office主题"地图集，蓝色Ⅱ"。

（3）首页应用背景，正文中所有文字设置为"宋体，字号24"。

（4）目录页使用空白版式，"目录"二字为艺术字，格式为"图案填充：青绿，主题色1，50%；清晰阴影"。

（5）插入圆角矩形，格式为"彩色轮廓-青绿，强调颜色1"，并编辑目录文字。

（6）"开发背景"中两图片格式为"柔滑边缘椭圆"，动画方案设置为先文字，后图片。文字"单击开始"，图片"从上一项之后开始"，动作均为"自左侧，擦除"。

（7）插入SmartArt图形"蛇形图片半透明文本"，编辑"产品应用"幻灯片。

（8）插入表格，编辑"服务性能"幻灯片，表格样式为"浅色样式3，强调1"，所有文字"中部对齐"。

（9）插入SmartArt图形"垂直曲形列表，彩色"——"个性色"，编辑"未来发展"幻灯片。

（10）在所有幻灯片左上角显示产品Logo，第3～8张幻灯片底部显示文字"本案例素材来自网络"。

（11）设置全部幻灯片切换效果为"从右下部，揭开"。

（12）设置幻灯片放映方式为"演讲者放映"。最终效果如图6-84所示。

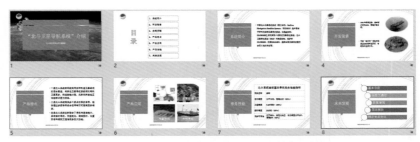

图6-84 "北斗卫星导航系统介绍"演示文稿效果

机器人工程技术人员

机器人工程技术人员指从事机器人结构、控制、感知技术和集成机器人系统及产品研究、设计的工程技术人员。

其主要工作任务包括：研究、开发机器人结构、控制、感知等相关技术；研究、规划机器人系统及产品整体架构；设计、开发机器人系统，制订产品解决方案；研发、设计机器人功能与结构，以及机器人控制器、驱动器、传动系统等关键零部件；研究、设计机器人控制算法、应用软件、工艺软件或操作系统、信息处理系统；运用数字仿真技术分析机器人产品、系统制造及运行过程，设计生产工艺并指导生产；制订机器人产品或系统质量与性能的测试与检定方案，进行产品检测、质量评估；提供机器人相关技术咨询和技术服务，指导应用；制定机器人产品、系统、工艺、应用标准和规范。

拓展技能

1 删除超链接文本的下画线

2 演示者视图

等考操练

1 打开演示文稿 yswg1.pptx，按照下列要求对此文稿进行修饰并保存

（1）设置母版，使每张幻灯片的左下角出现文字"禁食野生动物"，这个文字所在的文本框的位置为，水平：3厘米，度量依据：左上角；垂直：17.4厘米，度量依据：左上角。设置字号为13磅。第一张幻灯片前插入一张版式为"标题幻灯片"的新幻灯片，主标题输入："禁止非法野生动物交易，革除滥食野生动物陋习"，副标题区域输入："保障生命健康安全"，主标题设置为"楷体、39磅，黄色（用自定义颜色，RGB值为240、230、0）"。第三张幻灯片的版式改为"内容与标题"，文本字号设置为19磅，将第二张幻灯片左侧的图片移到第三张幻灯片的内容区域。将第四张幻灯片的版式改为"内容与标题"，文本字号设置为21磅，将第二张幻灯片右

删除超链接文本的下画线

演示者视图

侧的图片移到第四张幻灯片的内容区域。第三张幻灯片的图片
动画设置为"进入""擦除""自底部"，文本动画设置为"进
入""飞入""自左侧"。动画顺序为先文本后图片。删除第二张
幻灯片。

（2）将第四张幻灯片的版式改为"垂直排列标题与文
本"，并使之成为第二张幻灯片。设置全部幻灯片切换效果为
"溶解"。

② 打开演示文稿 yswg2.pptx，按照下列要求对此
文稿进行修饰并保存

（1）设置幻灯片的大小为"全屏显示（16:9）"；为整个演
示文稿应用"切片"主题，背景样式为"样式6"。

（2）在第一张幻灯片前面插入一张新幻灯片，版式为"空
白"，设置第一张幻灯片的背景为"水滴"的纹理填充；插入样
式为"渐变填充—深绿，着色4，轮廓—着色4"的艺术字,并将
其设置为"水平居中"和"垂直居中"；艺术字文字为"中国迈
入创新型国家行列"，文字字号为60磅。

（3）将第二张幻灯片的版式改为"标题和内容"，设置标题
的文字字体"隶书"，字号为20磅。将素材文件夹下的图片文
件ppt1.jpg插入到上侧栏中，图片样式为"棱台形椭圆，黑色"，
图片效果为"发光/橙色，11磅发光，个性色5"，图片动画设置
为"进入/形状"。

（4）在第三张幻灯片前面插入一张新幻灯片，版式为"标
题和内容"，在标题处输入文字"典型创新基地"，在文本框中
按顺序输入第4～6张幻灯片的标题，并且添加相应幻灯片的超
链接。

（5）将第七张幻灯片的版式改为"两栏内容"，将考生文件
夹下的图片文件ppt2.jpg插入到右侧栏中，图片样式为"映像圆
角矩形"，图片动画设置为"进入/飞入"，左侧栏中文字动画设
置为"进入/浮入"。

（6）在幻灯片的最后插入一张版式为"标题和内容"的幻
灯片，在标题处输入文字"创新型国家的特征"，在上侧栏中插
入一个SmartArt图形，版式为"垂直重点列表"，SmartArt样式
为"优雅"，图中的文字分别为"创新投入高""科技进步贡献
率大""自主创新能力强""创新产出高"。

（7）为最后一张幻灯片的SmartArt设置动画"进入/浮入"，效果选项为"下浮"，序列为"逐个级别"；标题文字动画设置为"进入/出现"；动画顺序是先文字后结构图。

（8）将第一张幻灯片的背景填充为"渐变填充"，"预设颜色"为"金乌坠地"，类型为"线性"，方向为"线性向下"。设置全体幻灯片切换方式为"华丽型/帘式"，并且每张幻灯片的切换时间为5秒；放映方式设置为"观众自行浏览（窗口）"。

参考文献

曹健, 2018. IT文化: 揭开信息技术的面纱 [M]. 北京: 清华大学出版社.

高等教育出版社、教材发展研究所, 2021. 信息技术基础模块(上册) [M]. 北京: 高等教育出版社.

高等教育出版社、教材发展研究所, 2021. 信息技术基础模块(下册) [M]. 北京: 高等教育出版社.

滕桂法, 2021. 智慧农业导论 [M]. 北京: 高等教育出版社.

杨建永, 2022. 公众信息素养教育理论与实践 [M]. 上海: 上海三联书店.

图书在版编目（CIP）数据

信息技术基础／成维莉，徐冬寅主编．—北京：中国农业出版社，2023.8
ISBN 978-7-109-31019-3

Ⅰ.①信… Ⅱ.①成… ②徐… Ⅲ.①电子计算机－高等职业教育－教材 Ⅳ.①TP3

中国国家版本馆CIP数据核字（2023）第156503号

中国农业出版社出版

地址：北京市朝阳区麦子店街18号楼
邮编：100125
责任编辑：许艳玲
版式设计：杨　婧　　责任校对：周丽芳　　责任印制：王　宏
印刷：北京印刷一厂
版次：2023年8月第1版
印次：2023年8月北京第1次印刷
发行：新华书店北京发行所
开本：787mm×1092mm　1/16
印张：14.75
字数：368千字
定价：58.00元
